CENTRO UNIVERSITARIO
de
Investigación y Estudios Especializados
en Control de Riesgos,
Emergencia y Desastres.

CENTRO UNIVERSITARIO
de
Investigación y Estudios Especializados en Control de Riesgos, Emergencia y Desastres.

APUNTES para MANDO
a
cargo de personal
TÉCNICO OPERATIVO.

Es privilegio del hombre evolucionar en beneficio de la humanidad.

Efrén Rivera y Avendaño

Número de Control de la Biblioteca del Congreso de EE. UU.:   2016908135
ISBN: Tapa Dura   978-1-5065-1253-2
               Tapa Blanda   978-1-5065-1254-9
               Libro Electrónico   978-1-5065-1255-6

Información de la imprenta disponible en la última página.

Fecha de revisión: 18/05/2016

Para realizar pedidos de este libro, contacte con:
Palibrio
1663 Liberty Drive
Suite 200
Bloomington, IN 47403
Gratis desde EE. UU. al 877.407.5847
Gratis desde México al 01.800.288.2243
Gratis desde España al 900.866.949
Desde otro país al +1.812.671.9757
Fax: 01.812.355.1576
ventas@palibrio.com
499281

Índice

Índice

EL DECÁLOGO DE UNA EMERGENCIA

1.- ¿Qué ocurre? ¿Dónde?

2.- ¿Cómo? ¿Con que atender?

3.- ¿Con que se cuenta? (recursos)

4.- Definir capacidades.

5.- Fijar objetivos inmediatos, mediatos.

6.- Organización y coordinación.

7.- La mente maestra.

8.- Tiempos de respuesta programada.

9.- ¿Con quién se cuenta

10.- ¿Cuánto cuesta?

CURSO DE MANDO

Para personal técnico operativo.

1.- Introducción.

Estas notas van dirigidas a aspirantes a puestos de mando, dirección, o gerenciales, en cualquier área o actividad humana, como una base de formación, e información sobre las características y capacidades que distinguen a un jefe, de un líder, en la práctica se ha demostrado que la calidad y capacidad de mando se fundamentan más en conocimientos, capacidad y liderazgo, que en grados, títulos o diplomas, aunque si, la formación académica como herramienta, le va a permitir elaborar, comprender e interactuar en las dinámicas de control de grupos con procedimientos de organización aplicando estrategias y metodologías gerenciales de nivel avanzado.

II. Objetivos: del curso de mando:

Toda institución siempre está a la caza o buscando al solicitante con conocimiento, formación, carisma, capaz de realizar acciones y tomar decisiones. El objetivo general de este curso es formar cuadros de mando y direcciones gerenciales, con perfil de líderes para todos los niveles, capacitar a personas para ocupar estas áreas como una meta existencial, profesional o de desarrollo empresarial, con el perfil adecuado a las nuevas exigencias del nuevo desarrollo.

c.- Objetivo Particular:

Poner a disposición de los participantes las nuevas herramientas gerenciales y de administración de recursos humanos con una breve visión desde Frederick Winslow Taylor (20 03 1856 21 marzo 1915) hasta las más recientes propuestas de los autores más calificados de la actualidad, el alumno adquirirá por etapas los conocimientos para aplicar estas herramienta de administración y gestión integrando los recursos en la toma de decisiones aumentando las competencias personales y el valor del CV.

d.- Universo:

Este curso esté dirigido a aspirantes a mandos ejecutivos, permanentes, incidentales, o accidentales de diversos niveles, estudiantes de cursos gerenciales de administración, de recursos humanos, para aplicar en organizaciones empresariales o gubernamentales, grupos o cuerpos respondientes a situaciones de seguridad, riesgo, emergencia, desastre o de cualquier otra índole, cualquiera que sea su tipo, finalidad o tamaño, con responsabilidades en la planificación logística, operación y alcance de los objetivos estratégicos.

III.-. Mecánica del curso:

Tiempo y contenidos

La clase se inicia con una evaluación sobre el tema anterior, continúa una exposición de tema por parte del facilitador, se organizan talleres y mesas de trabajo para análisis de proyectos reales y discutir el tema con tiempos programados, se leen las propuestas por mesa y se llega a la conclusión del grupo, se asigna material para revisión bibliográfica de acuerdo a los temas programados para la reunión siguiente.

f. Resumen final:

Al final del curso cada alumno presentara una propuesta de aplicación que puede ser la propia o de alguno (s) de los puntos tratados durante el curso, con una extensión de mínimo 25 cuartillas, con anotación de la bibliografía revisada, la misma tendrá un valor de 4 a 6 puntos y 20 a 30 créditos curriculares.

g. Evaluación:

Se promedian la suma de calificaciones obtenidas en el curso, que representara el 80 % de la calificación que sumada a la propuesta complementara o superara el 100%: Las calificaciones aprobatorias son:

Más de 100 puntos	E	= Excelente.
100 a 95 puntos	MB	= Muy Bien
95 a 90 puntos	B	= Bien

h. Visión a futuro:

En todo el mundo empresarial, industrial, institucional hace falta el elemento que sea capaz de desarrollar los proyectos empresariales en forma óptima con máximo aprovechamiento de los recursos humanos y materiales disponibles.

A todas las empresas e instituciones les urge personal con formación de mando por lo que el mercado está abierto y la demanda supera a la oferta, al ponerse en contacto con los contenidos del curso el participante tendrá nuevas perspectivas y mecanismos de acción para desarrollar proyectos de dirección. con amplitud de criterio, calidad humana, conocimientos, capacidad, lealtad, firmeza y muchas más que lo distinguen y que hace que los que lo rodeen crean en él.

RESUMEN TEMÁTICO

Capítulo 1.- Liderazgo herramienta del mando.

Resumen:

Todo individuo que ejerza o pretenda ejercer un tipo de liderazgo reúne o debe reunir un tipo particular de características que van desde el carisma que atrae, la amplitud de criterio, calidad humana, conocimientos, capacidad, lealtad, firmeza y muchas más que lo distinguen y que hace que los que lo rodeen crean en él.

Capítulo 2.- El Mando y sus características.

Resumen:

En este capítulo se revisan los tipos, origen y calidad de los mandos, desde el tradicional mando castrense, a los mandos civiles, gerenciales administrativos y mandos por liderazgo, los objetivos, sus responsabilidades, las escalas tradicionales y las posibilidades de optimización a través de la reestructuración e implementación de organigramas y flujogramas, horizontales o verticales.

Capítulo3.-La Comunicación y sus elementos.

Resumen:

Aquí se comentan los efectos conscientes e inconscientes de formas de comunicación de acuerdo al maestro Eric Berne. los contenidos emocionales y o los enganches ulteriores, los estados anímicos del comunicador y las falacias de los mensajes subliminales usados por los grupos de poder con apoyo de la psicología de las masas, y la importancia de la neurolingüística como herramienta para alcanzar la excelencia y el liderazgo en los grupos de trabajo.

Capítulo 4.- La negociación en situaciones de crisis.

Resumen:

El tema es la participación del negociador con la preparación necesaria para resolver las situaciones de crisis cualquiera, identificar cual es el fondo del problema, programar alternativas de solución, establecer planes de acción.

Aplicando los recursos de la comunicación, lo que es aplicable, en todo nivel sin importar magnitud sobre todo enfocado al trabajo de equipo.

Capítulo 5.- El Liderazgo y la excelencia.

Resumen:

En este tema se revisan los tipos de liderazgo: Niveles de autoridad, identidad, metas y necesidades, tipos de poder, control, influencia, intimidad e intimidación, dependencia, interdependencia, binomios, intereses, enlaces, los juicios de valor, escaleras y cangrejos.

Capítulo 6.- La Administración Reto para el líder.

Resumen:

Dentro de la responsabilidades del líder están fijar objetivos, seleccionar colaboradores, establecer convenios, acuerdos, tomar decisiones, romper esquemas y paradigmas, crecer como grupo, aprovechando todos los recursos, generando un producto de excelencia, para satisfacer al usuario final del producto, buscando el desarrollo del personal participante y de la instancia a la que se representa aplicando las teorías de administración de los autores más reconocidos en la actualidad.

Capítulo 7. - Mente maestra.

Resumen:

En este capítulo se plantea la necesidad de los directores de área de integrar un equipo con personal altamente calificado y confiable, imbuido de la mística que anima la mente de la dirección, cualquiera que sea la actividad a la que se dedique, solo debe satisfacerle la excelencia, como equipo: con la dirección, sin la dirección y a pesar de la dirección, debe ser siempre una mente maestra, la meta es alcanzar la excelencia

Capítulo 8.- Los seis principios.

Resumen.

Los principios "El poder de la palabra", "Nunca diga si, si no está seguro", "No personalice", "Defina sus metas", "Siempre haga un último esfuerzo, después del máximo realizado" son muy simples pero son básicos para cualquier mando, su observancia le lleva de la mano a vivir dentro de la excelencia, en forma continua, junto con su familia, su personal y su entorno

Capítulo 9.- La Administración de riesgos: Reto para el líder.

Resumen:

El incremento de los niveles de riesgo y vulnerabilidad de las poblaciones obliga a un replanteamiento de los mecanismos de respuesta institucionales o voluntarios, aquí se propone la creación de un organismo autónomo y las coordinaciones necesarias, tomando en cuenta los riegos genéricos y específicos a los que está expuesto permanentemente el personal de seguridad, emergencia y afines durante su servicio, que son tanto de índole jurídica por acciones u omisiones realizados o no durante la labor ordenada, como leves o graves problemas de salud que le pueden llevar hasta la incapacidad total permanente o la muerte, se incluye el Atlas de Riesgos de la Ciudad de México del Cenapred.

Capítulo 10.- Responsabilidad de los mandos en el manejo de incidentes químicos.

Resumen:

Este capítulo expone las conductas básicas de las unidades y personal respondiente ante un evento donde están involucradas substancias químicas, desde el manejo de la Guía Setic. La identificación de los símbolos, la numeración, colores, las vías de contaminación los mecanismos de descontaminación, los efectos sobre el ser humano, mencionando las distancias de evacuación en casos de fuga o derrame.

Capitulo 11.- Responsabilidad del mando en la emergencia y el desastre.

Resumen

Proyecto de la integración un Sistema de Comando operativo para Emergencias y Desastres. Así mismo se desglosan las responsabilidades ante las comunidades vulnerables, vulneradas y los organismos de apoyo nacionales e internaciones, con la aplicación los proyectos

S.U.M.A. y Esfera, dándole calidad para una respuesta organizada, automática en situaciones de emergencia.

Capitulo 12.- Resiliencia.

Resumen.

Incrementar la capacidad de autoprotección y auto respuesta de los grupos humanos, de las sociedades, o poblaciones para prevenir y preparar respuestas real y eficiente a los riesgos de acuerdo a su Atlas regional, es responsabilidad de los mandos de los grupos respondientes y parten para ello de un análisis, en los que incluyen Geológicos, Hidrometeorológicos, Químicos, Sanitarios. Socio organizativos, labor en la que deben estar involucrados todos los grupos etarios, y áreas productivas de cualquier zona geográfica.

Capitulo 13.- Psicología del desastre.

Los sobrevivientes en un desastre pueden parecer ilesos pero, pero son víctimas del trauma de las pérdidas de familiares o de bienes patrimoniales han perdido la individualidad y afloran su deseo de revancha ven en el desastre la oportunidad de obtener beneficios y ventajas materiales, sumándose a la mente colectiva que los hace sentir, pensar y actuar de distinta manera si estuviese aislado, el individuo vive un sentimiento de poder invencible, anónimo e irresponsable que cede a instintos que normalmente controla pero que bajo el poder hipnótico que ejerce la masa se contagia, está dispuesto a sacrificar su interés personal en aras del interés común, habiendo perdido la conciencia de sí, no es capaz de cuestionar ningún acto que le imponga la masa o su líder, cometiendo actos que como individuo sería incapaz de realizar, quedando en un estado de dependencia psíquica total, con el predominio de la personalidad inconsciente deja de ser él mismo y se convierte en un autómata que ha dejado de estar guiado por su propia voluntad, descendiendo varios peldaños en la escala de la evolución convirtiéndose en un homínido asexuado con la espontaneidad, la violencia, la ferocidad, el entusiasmo y el heroísmo de los seres primitivos a los se parece cada vez más por la facilidad con la que se impresiona con un discurso, una dadiva, o una promesa dependiendo de los valores y principios educacionales o genéticos del individuo.

CAPÍTULO 1

Liderazgo herramienta del mando.

Definición:
Capacidad de influir en el pensamiento y acción de las personas o grupos.

Resumen:

Todo individuo que ejerza o pretenda ejercer un tipo de liderazgo debe reunir un tipo particular de características que van desde el carisma que atrae, la amplitud de criterio, calidad humana, conocimientos, capacidad, lealtad, firmeza y muchas más que lo distinguen y que hace que los que lo rodeen crean en él.

1.- Liderazgo herramienta del mando.

1.1.- Características del liderazgo:

El liderazgo no es una característica exclusivo de los humanos, de hecho en toda sociedad biológica, en todas las especies, en cada grupo, siempre habrá un líder al que seguir, desde las formaciones coralinas, en los mares tropicales, en las parvadas de aves migratorias, en los cardumes, de salmones, atunes, ballenas o tortugas, en las colonias de hormigas, o en las especies de la sabana africana, en todas las comunidades siempre habrá un líder a quien los de su especie siguen, llévelos a donde los lleve, lo que fundamenta la idea de los psicólogos de que el liderazgo, es una capacidad innata[1] que se desarrolla y manifiesta por razones desconocidas obligando a algún sujeto de la especie a tomar la iniciativa e iniciar una travesía de miles de kilómetros como es el caso de la mariposa monarca, o seguir una idea que en ocasiones no termina en forma afortunada.

En el caso de la especie humana, las motivaciones que despiertan al líder son igual de complejas que las de otras sociedades, cada lector puede incorporar los nombres que le parezca aquí solo mencionemos algunos.

Hammurabi, Ramsés, Alejandro, Siddhartha Gautama, Mahoma, Cesar, Williams Wallace, Manco Cápac, Simón Bolívar, Mahatma Gandhi, Ernesto Guevara de la Serna, Emiliano Zapata, Francisco Villa, otros algunos muy conocidos no los mencionamos porque son producto de la mercadotecnia aplicada y cuya figura e usada para control social de las masas y en otros casos sus acciones fueron motivadas por interés de índole personal. Cada uno tuvo motivaciones específicas para asumir la conducta y promover la idea que genero un cambio y un modelo de pensamiento en el grupo humano en el que vivió, que a la fecha sigue haciéndose sentir y modificando la conducta de los pobladores de algunas regiones del mundo, genéricamente las motivaciones de todos ellos siempre estuvieron encaminadas en beneficio de su sociedad, su juicio se ubicó permanentemente en la posición de adulto: razonando, no racionalizando,

---

1   Rivera y Avendaño Efrén Éxito y Excelencia Vivencial pg. 94 Ed Palibrio 2014 U.S.A.

analizando, informando, orientando a los que le rodearon para que aplicaran las mejores opciones a los conflictos en los que se involucraban

El privilegio del liderazgo es que le permite al humano ser guía para la sociedad a través de una formación constante, con una conciencia real de quién, es cómo es, y por qué es, con seguridad en sí mismo, aprovechando todos los recursos, transformando los errores en resultados diferentes, encontrando lo positivo en todo resultado negativo, sirviendo de referencia dentro de un grupo (ya sea un equipo deportivo, un curso universitario, una compañía de teatro, el departamento de una empresa, etc.). Su opinión es la más valorada, el liderazgo no tiene que ver con la posición jerárquica que ocupe, una persona puede ser el jefe de un grupo y no ser su líder. El decide lo que hay que hacer en virtud de la autoridad que le otorga su posición jerárquica, el líder, sin disponer necesariamente de la investidura de mando, tiene capacidad de decidir la actuación del grupo en base a la influencia que ejerce, apoyado en la "autoridad moral" sobre el resto del equipo, y que los motiva para que cada miembro trabaje y aporte lo mejor de sí mismo en la lucha por alcanzar un objetivo común, (sea ganar el campeonato, mejorar los resultados de la empresa, ganar las elecciones políticas, etc.), El líder no busca excusas para no hacer porque no se tiene, busca cómo hacer con lo que se tiene, aplica trabajo formal y constante, aprovechando las riquezas potenciales disponibles con metas y tiempos programados, con un concepto perfectamente definido de autoestima, aprovechando las oportunidades, influyendo en el pensamiento de las personas y de los gruposEl líder anticipa los cambios, se adelanta a los competidores.

1. 2.- ¿El líder nace o se hace?

Esta es una pregunta que surge siempre que se aborda el tema del liderazgo, la opinión generalizada es que hay humanos que nacen con capacidades innatas de líder, y así mismo, hay otros que se van formando apoyados en las vivencias y experiencias que va acumulando, durante su desarrollo, las técnicas de liderazgo, de toma de decisiones, de conducción de equipos, la motivación, la comunicación, son disciplinas que el líder tiene que conocer y dominar fortaleciendo las habilidades heredadas, de ahí la importancia de que los niños, desde pequeños vayan conociendo el valor del esfuerzo, que se vayan enfrentando a ciertas "dificultades", en definitiva, que aprendan a desenvolverse por la vida asumiendo responsabilidades, tomando decisiones, solucionando problemas, haciendo frente a situaciones difíciles, lo que les permitirá irse forjando como auténticos líderes.

Un aspecto esencial del liderazgo es que el que lo ejerza, por la razón que sea, debe estar consciente de las complejidades del porqué de la conducta del ser humano, para motivar a que los demás asuman responsabilidades y a enfrentar problemas, preparándolos para que en un futuro sean capaces de tomar las riendas de la organización haciendo evaluaciones periódicas individuales y de grupo,

Los subordinados entienden que el líder no puede ser un especialista en todas las materias, (para eso están los expertos), pero si debe tener una información sólida e integral de la actividad que desarrolla, cualquiera que ésta sea,

El liderazgo se basa en un reconocimiento espontáneo del mismo por parte del resto del equipo, lo que exigirá dar la talla, estar a la altura de las circunstancias, si el grupo detecta en él carencias significativas terminará por rechazarlo.

1. 3.- Expectativas de aplicación.

En una sociedad artificial e ilógica como la actual las empresas deben ser capaces de adaptarse a los cambios con rapidez, La empresa o el "Líder" debe "ir delante", previendo los movimientos del sector, eso le permite tomar las medidas oportunas, lo que le asegura al grupo que su futuro se encuentra en buenas manos, el líder se preocupa del corto y del largo plazo, su manera habitual de funcionar es mirando siempre hacia delante, señalando nuevos retos, fijando nuevas metas, inquieto, inconformista, soñador, pero que materializa sus sueños, tiene una confianza ciega en llegar a lograr sus objetivos. el líder es seguido por el equipo porque genera confianza; su visión de futuro es exigente, pero creíble y motivadora, genera entusiasmo, el futuro que el líder defiende conlleva objetivos difíciles pero alcanzables, busca el bien de la empresa si pero también el de cada uno de sus colaboradores, querer aumentar los beneficios reduciendo gastos y plantilla generara resistencia de los trabajadores, si solo busca mejorar la calidad, sin mejorar las percepciones del trabajador, le va a costar trabajo alcanzar las cuotas fijadas, pero si involucra a los trabajadores implementando un programa de estímulos económicos en base a tolerancia cero seguramente los trabajadores dejaran de necesitar supervisores y se alcanzaran los máximos estándares de calidad y de rendimiento ya que abra cero defectos y cero desperdicios, de materia prima o productos con defecto.

La función del líder en este caso es que todo el mundo sienta como propias, la organización identificando los objetivos como propios, (y no vienen meramente impuestos). En definitiva, esta visión de futuro es lo que distingue a un líder de un simple buen gestor, que si es capaz de conseguir que los empleados trabajen eficientemente, que se encuentren motivados, que alcance los resultados propuestos, pero le falta esa visión estratégica que es básica para asegurar la supervivencia.

1. 4.- Liderazgo en cualquier puesto de trabajo:

Ejercer el liderazgo no está reservado a la cúpula directiva de una empresa, sino es un papel que puede ejercer cualquier persona, sin importar que puesto ocupe, la capacidad del líder de movilizar al equipo, de alcanzar los objetivos, de tomar decisiones, de conseguir resultados, de ser la referencia del grupo, etc., se puede realizar en cada nivel de la organización, cada persona podrá ejercer su liderazgo dentro de su área de competencia, por ejemplo, dentro de una empresa el primer ejecutivo podrá ejercer de líder, pero también podrá hacerlo el jefe de un departamento, un comercial, un administrativo, un mecánico, etc. El primer ejecutivo lo ejercerá sobre toda la organización, mientras que el jefe de un departamento podrá hacerlo dentro de su unidad, y el comercial, el administrativo o el mecánico podrán jugar este papel entre sus compañeros, dentro de su esfera de actuación, siempre podrá adoptar una actitud activa, innovadora, luchadora, inconformista, preocupada por el bien de la organización y motivadora para el resto del equipo, en definitiva, puede ejercer un liderazgo tan intenso como si ocupara el primer puesto del escalafón, de hecho, una de las responsabilidades del líder de una empresa es promover este espíritu de liderazgo en todos los niveles de la organización, un líder que no consigue contagiar su entusiasmo, fomentar sus valores y su modo de trabajar es un líder que en cierta modo ha fracasado, además, el líder tiene la obligación de ir formando nuevos líderes entre sus colaboradores con vista a que el día de mañana puedan sustituirle.

1. 5.- Liderazgo en la propia vida:

Es ilógico pensar que el humano tenga una conducta, disciplina o forma de ser en el trabajo y otra en el ámbito privado o familiar, un líder es líder en todos actos de su vida, el líder actúa con el mismo nivel, de búsqueda de la excelencia y de comportamiento ético en todos sus ámbitos de actuación el líder tiene que ser capaz de defender sus principios, con una gran solidez en las convicciones, que sólo es posible cuando éstas se asientan en principios inquebrantables, además, es fundamental que el líder mantenga una vida equilibrada, el líder debe ser una persona coherente, capaz de mantenerse fiel a sus principios y de no renunciar a ellos, el liderazgo conlleva tal nivel de responsabilidad y de presión, ilusión y optimismo, persistencia y dedicación, debe aprovechar el tiempo al máximo un día que no se aproveche es un día perdido. El líder no se permite el lujo de perder el tiempo, vive intensamente, aprovecha el tiempo al máximo, .el liderazgo no se vive aceleradamente hay que ejercerlo a lo largo de toda la vida, es una carrera a largo plazo, por lo que exige dosificar las fuerzas, .el vivir intensamente permite atender todas las facetas humanas (personal, familiar, social y profesional) y no dejar ninguna de ellas desatendidas, por lo que siempre aplicara los mismos principios de actuación que aplica en el trabajo honestidad, dedicación, innovación, decisión, preocupación por las personas, dedicando tiempo no sólo a su vida profesional, sino también a su vida personal y familiar con .capacidad para convencer, animar, motivar, etc., que tan sólo una persona con una vida equilibrada será capaz de dar lo mejor de sí misma y estar a la altura a de las circunstancias

Planifique su tiempo.

El líder tiene mil asuntos que atender y tan sólo una buena organización le va a permitir poder desenvolverse con soltura y dedicar el tiempo a lo realmente importante y no perderlo con temas menores, si no lo hace así, el día a día le terminará absorbiendo, impidiéndole ocuparse de aspectos más estratégicos, perdiendo poco a poco la perspectiva del largo plazo, el líder tiene que saber priorizar: distinguir qué es lo realmente importante, aquello que demanda su atención, y qué no lo es.

Desarrollár un cronograma.

El líder debe decidir, con base a su lista de prioridades a dónde quiere llegar, así como ¿El Qué? ¿Por qué? ¿Cómo? ¿Cuándo? ¿Con qué?, ¿Dónde? Si su tabla de decisiones fue bien elaborada, ya tiene resueltas todas las interrogantes.

Si definió por escrito fechas y tiempos de realización, recursos disponibles, cantidad de ellos a emplear, por conseguir y completar, costos, económicos, familiares, emocionales; analizó su disponibilidad de tiempo y capacidad de acción. Lo que sigue es que tenga las agallas suficientes para alcanzar sus metas, no debe permitir que nada se interponga para alcanzar su objetivo. Insistiendo antes de iniciar una tarea, debe tener resueltas todas las interrogantes, ¿Qué quiere? ¿Cómo lo quiere? ¿Para qué lo quiere? ¿Para cuándo lo quiere?

debe Hacer una lista de lo que tiene, lo que necesita, que le hace falta, anotar cómo y en qué fecha lo va a conseguir; una vez que tenga todo listo debe arrancar y no parar hasta alcanzarlo. Es posible que encuentre obstáculos por lo que debe estar dispuesto a superarlos, No puede escatimar esfuerzos; la tenacidad debe ser una característica de su personalidad, pero no puede confundir necedad con tenacidad, puede, darse un respiro pero no claudicar, se dice que "Es de sabios cambiar de opinión", determinadas sus prioridades, puede asignarles orden y tiempos de realización.

Delegue.

El líder tiene compartir ideas objetivos y metas, no es lógico querer abarcarlo todo, para poder delegar, tiene que compartir y dar a conocer cuáles son sus proyectos y metas permitiendo que los expertos se hagan cargo, dejándoles en libertad para que las llevan a cabo, desarrollando toda su creatividad, aplicando en lo posible lo que los expertos llaman Círculos de calidad, o en otra vertiente Sigma 6. Que no es otra cosa que una reunión de expertos que aportan ideas sobre un tema específico para lograr la excelencia en el resultado, evitar súper proteger a los colaboradores, tienen que acostumbrar a asumir responsabilidades.evitando la imposición de criterios o ideas, dando oportunidad de que el líder se centre en lo esencial y delegará en su equipo otras tareas, resulta muy útil fijar la agenda de los próximos días, enlistando las tareas a desarrollar y los objetivos a alcanzar en un plazo determinado, fijando en un tablero los tiempos destinados programados, con espacios para la discusión de las tareas y los logros alcanzados, lo que se puede hacer en una reunión semanal, en la que se evaluara los resultados alcanzados, los cambios o modificaciones que haya que realizar para alcanzar las metas programadas, evitando los horarios extenuantes o las jornadas de más de 8 horas, que seguramente se van a dar, pero serán la excepción, el líder no se puede para él ni debe permitir para su equipo usar su tiempo libre en tareas de la empresa mucho menos llevar trabajo a casa (salvo en ocasiones muy excepcionales) promueva un ritmo de trabajo que permita cumplir con las tareas dentro de su jornada normal,

Trabajo en equipo.

El éxito del líder depende de que sea capaz de crear su mente maestra. Integrada por un grupo de gente especialmente competente, ningún líder pueda tener éxito en solitario. La única manera de llevar a buen puerto un proyecto es elegir a los más capacitados, gente muy competente, con personalidad, empuje e ideas propias, que sepa funcionar con autonomía, con lealtad y honestidad, a toda prueba, capaz de funcionar cuando él no esté. Pueda haber discrepancias de criterios, incluso habría que fomentarlas, el trabajo en equipo conlleva compartir información, estar abierto a discusiones, saber escuchar, ser receptivo a las buenas ideas que expongan otros, crear un ambiente participativo, pero una vez tomada una decisión exigirá que el equipo actúe sin fisura. Compartiendo la misma visión de empresa.

Comunicación:

De ahí, la importancia de mantener reuniones frecuentes (diarias o semanales) que sirvan para estrechar lazos. Además, estas reuniones permiten realizar un seguimiento muy cercano de los asuntos, imprimiendo un ritmo ágil a la dirección.

El líder fomentará dentro de su equipo la responsabilidad, la disposición a tomar decisiones, a asumir riesgos y a responder de los resultados, para ello es fundamental que el líder sepa delegar.

Conflictos dentro del equipo:

El líder es consciente de que en las reuniones del equipo directivo pueden surgir situaciones tensas, discusiones acaloradas, además, es precisamente entonces cuando la gente se emplea a fondo y da lo máximo de sí, exponiendo abiertamente sus puntos de vista, sin traspasar los límites del respeto personal.

Cuando una diferencia entre personas se afronta en su etapa inicial es fácil que se solucione sin mayores complicaciones. Sin embargo, si el problema no se aborda convenientemente puede terminar enquistándose, originando una fuerte animadversión de difícil solución, por lo que es fundamental que haya una comunicación muy fluida dentro del equipo, el líder no tiene que adoptar una actitud paternalista, tratando de acercar a sus colaboradores, sus colaboradores son gente adulta y entre ellos deben solucionar sus diferencias, Hay que tener muy claro que un equipo tan sólo puede dar lo mejor de sí mismo cuando actúa unido, por lo que no se pueden tolerar graves desavenencias entre sus miembros.

El líder tiene que estar muy pendiente de los pequeños detalles, ya que en ocasiones las diferencias entre los miembros del equipo apenas son perceptibles, pero debajo de las apariencias se esconden, a veces, auténticos enfrentamientos soterrados. Además, el líder debe ser muy cuidadoso para evitar dar pie a situaciones (a veces de manera inconsciente) que puedan deteriorar las relaciones dentro del equipo.

Relación con los empleados:

Respetuoso: la autoridad del líder no está reñida con el respeto puede llamar la atención con rigor pero sin humillar sirviendo de modelo a toda la organización.

1.6.- Características del líder.

Muchas son las cualidades que definen al líder.

Algunos autores hacen un listado de las características positivas y negativas que debe tener un líder sigamos su ejemplo en orden alfabético:

Accesible:

: El líder es accesible para todo el que desee comunicarle algo comportándose como un igual dentro de la organización, no puede parecer distante, debe reconocer las propias limitaciones, saber escuchar y pedir consejos, reconocer sus errores y los aciertos de los demás, lo que no es síntoma de debilidad, sino de persona realista, con los pies en la tierra, lo que ayuda a ganar el respeto del equipo, el líder prepotente dispone a la organización en su contra, el líder es una persona cercana, próxima, cálida, comprensible, esta cualidad es básica para lograr no sólo el respeto del equipo, sino también su aprecio, debe ser una persona exigente y rigurosa, y utilizar en ocasiones su autoridad, pero de mostrarse amable, con relaciones cálidas y humanas, sencillo y natural, preocupado por su gente. Todos están en el mismo barco y luchan por el mismo objetivo.

Flexible:

El líder debe estar dispuesto al cambio, lo que hoy es verdad mañana ya no lo es, las personas hablan en función de la información de que disponen y que puede ser más actualizada que la del líder, lo que lo obliga a modificar sus conceptos y puntos de vista y en ocasiones criterios e indicaciones ya expresadas, aceptar cambiar, genera una imagen de persona que escucha, analiza, razona lo más adecuado para un líder, la modificación de los criterios esa cambia constantemente modificando los criterios, los colaboradores tienen sus propios criterios y en ocasiones pueden ser más acertados que los del líder, si se atrinchera en sus posiciones está llamado al fracaso, además daría una muestra de soberbia que le llevaría a perder la simpatía del grupo, un auténtico líder no teme que por cambiar su punto de vista o por aceptar la opinión de un subordinado esté dando muestras de debilidad todo lo contrario, proyectaría una imagen de persona abierta, dialogante, flexible, pragmática, que contribuiría a aumentar su prestigio entre los colaboradores.

Generoso:

La generosidad es fundamental en todo líder. Los empleados han depositado en él su confianza, pero además de interesarles el futuro de la empresa, les preocupa su situación personal, la relación profesional no deja de ser una transacción en la que el trabajador aporta su trabajo a cambio de un salario, una carrera profesional, un aprendizaje, un reconocimiento, etc.

Autodominio:

El líder es la imagen del equipo, debe ser capaz de controlar sus emociones especialmente en los momentos delicados no puede tomar tome una decisión bajo el influjo de una emoción; cualquiera que ésta sea, enfrentando los problemas con una actitud positiva y serena permanente, lo que le ocurra, es el resultado de sus propias acciones. Su dirección debe reflejar la calidad, madurez y solidez de su pensamiento razonado, no de sus caprichos viscerales, de acuerdo al nivel de control que ejerza sobre su cerebro, será su capacidad de resolver conflictos y superar situaciones críticas y encontrar lo positivo de situaciones aparentemente antagónicas.

Debe vivir con un pleno control de los estímulos del entorno, infundir tranquilidad a su grupo en los momentos más difíciles, el líder determina en gran medida el estado de ánimo de la organización, si el líder se muestra optimista, animado, con energía, la plantilla se contagiará de este estado.

Carismático:

El carisma es el magnetismo personal que atrae a los grupos y a las personas pero este carisma debe estar apoyado por una ética, moralidad y honestidad a toda prueba que son fundamentales para que el liderazgo se mantenga vigente en el tiempo, y ser incapaz de usar su carisma en su beneficio

El carisma se puede definir como una facilidad innata de hacerse querer, es un poder de atracción, es puro magnetismo personal, el carisma tiene un fundamento esencialmente genético: Unos pocos nacen con carisma, la mayoría no. No obstante, aunque resulta muy difícil adquirirlo, sí se pueden aprender ciertas técnicas que permiten suplir parcialmente su ausencia o a realzar aún más el carisma que uno ya posee, es muy difícil precisar por qué una persona tiene carisma y otra no, pero la realidad es que el primero "enamora" y el segundo produce "indiferencia" El líder carismático genera admiración. El carisma facilita enormemente el camino hacia el liderazgo, si bien no es una condición indispensable, se puede ser un extraordinario líder sin tener carisma y se puede tener muchísimo carisma y no ser un líder, la característica que define a un líder carismático es su capacidad de seducir, tiene una personalidad enormemente atractiva con la que consigue atraer a los demás miembros del grupo, el carisma permite unir el grupo alrededor del líder, el líder carismático suele ser también un gran comunicador, tiene un poder natural de persuasión, ante el líder carismático el equipo suele perder cierta objetividad. El líder carismático disfruta normalmente de un juicio benévolo por parte de sus subordinados, se le "perdonan" los fallos y se mitifican sus logros, el problema que plantea el líder carismático es que la organización puede hacerse excesivamente dependiente de él, es muy difícil encontrar a un sustituto ya que eclipsará a cualquier aspirante a sucederle, un peligro que acecha especialmente al líder carismático es la facilidad de caer en el endiosamiento, el grupo le rinde tanta pleitesía que no es extraño que pierda el sentido de la realidad.

Persona de acción.

El líder es ante todo una persona de acción. El líder debe preocuparse por desarrollarse personalmente, por alcanzar un elevado nivel cultural, tendrá que tratar con numerosas personas, hablar en público, presidir reuniones, atender visitas, etc., y en todo momento debe saber moverse con soltura (es el representante de la empresa) el conocimiento es fuente de ideas, muchas de las cuales podrá aplicar en la gestión de su organización: El líder no sólo fija unos objetivos y lucha para alcanzarlos, sin rendirse, tenazmente lo que constituye la clave de su éxito, **El líder hace realidad sus sueños,** no se contenta con soñar, o probablemente por una combinación de todo lo anterior, tiene el coraje, necesario para alcanzar sus metas, son difíciles (aunque no imposibles), hay que salvar muchos obstáculos, hay que convencer a mucha gente, pero el líder no se desalienta, está tan convencido de la importancia de las mismas que luchará por ellas, superando aquellos obstáculos que vayan surgiendo, el líder defiende con determinación sus convicciones. No se limita a definir la estrategia de la empresa, sino que una vez que ha fijado los objetivos luchará con denuedo hasta conseguirlos, una visión, un objetivo, etc. sólo son valiosos en la medida en la que uno esté dispuesto a luchar por ellos, una persona que se limitara a fijar unas metas pero que no se emplease a fondo en su consecución difícilmente podría ser un líder, el valor de su aportación sería limitado, su función sería más bien la de un asesor, pero nunca la de un líder.

El líder quiere resultados palpables y se va a poner al frente de su equipo para conseguirlos, además no quiere resultados en el largo plazo, los quiere ya, ahora (el tiempo es oro), por este motivo, resulta muy útil no limitarse a fijar objetivos en el largo plazo sino establecer también metas menores en el corto plazo, que marquen el camino hacia el objetivo final, estas metas a corto plazo permiten transmitir un mensaje de premura a la organización (el largo plazo se ve muy lejano, pero el corto plazo es inmediato, no hay tiempo que perder).

La filosofía que preside el modo de actuar del líder es que no vale simplemente con estar ocupado (dedicar tiempo al trabajo, pasar muchas horas en la oficina), sino que hay que obtener resultados, el líder premiará a sus subordinados por los resultados alcanzados y no simplemente por el tiempo dedicado, no obstante,

También sabe valorar a aquel empleado que pone todo su empeño en el intento aunque los resultados no le acompañen, la persona de acción es una persona que sabe tomar decisiones con agilidad, que se enfrenta a los problemas tan pronto se presentan, que no permite que las cosas se demoren en el tiempo.

El líder piensa en el largo plazo pero trabaja en el corto plazo: si el problema surge hoy hay que abordarlo hoy mismo y no dentro de unos días, si hoy se ha tomado una decisión, se pondrá en práctica hoy mismo y se pedirán resultados mañana, este modo de actuar no quiere decir que el líder actúe alocadamente, muy al contrario, le dedicará a los problemas el tiempo de reflexión y de consulta que sea necesario, analizará las posibles alternativas, consultará con quien tenga que hacerlo, pero todo ello con el convencimiento de que el tiempo apremia, el tiempo de reflexión y análisis no se puede prolongar ni un segundo más de lo estrictamente necesario, la mayoría de las veces es preferible adoptar hoy una decisión suficientemente buena que la mejor decisión dentro de un mes, el líder no admite un NO por respuesta; buscará vías alternativas y se rodeará de personas que funcionen de la misma manera, el líder es una persona de coraje, no se amilana ante los obstáculos, el líder va a exigir a su equipo que funcione de forma similar, prefiere que sus colabores tomen decisiones, aunque se equivoquen, se rodea de gente de acción, personas con ganas de hacer cosas, fomenta en la empresa una cultura orientada a la acción.

Cumplidor.

El líder tiene que ser una persona de palabra: Lo que se promete se cumple, El grupo tiene que estar absolutamente convencido de la honestidad con que el líder va a actuar, es la única forma de que el equipo tenga una confianza ciega en él, si los subordinados detectan que el líder no juega limpio y que tan sólo le preocupan sus propios intereses, perderán su confianza en él, proceso que una vez iniciado es muy difícil de parar.

Coherente.

El líder tiene que vivir aquello que predica, si exige dedicación, él tiene que ser el primero; si habla de austeridad, él tiene que dar ejemplo; si demanda lealtad, él por delante, el líder predica principalmente con el ejemplo: no puede exigir algo a sus subordinados que él no cumple, además, el mensaje del líder debe ser coherente en el tiempo, vertical no puede pensar hoy de una manera y mañana de otra radicalmente distinta confundiría a su equipo, esto no implica que no pueda ir evolucionando en sus planteamientos.

Comunicador,

Los locutores insisten, en los mensajes hablados, en que se hable claro para que se entienda y fuerte para que se escuche; sugieren así mismo que se module la voz con la garganta, no con la boca, respirando con el diafragma llenando la caja torácica desde las costillas, soltando el aire lentamente,

Convence, el líder es persuasivo; sabe presentar sus argumentos de forma que consigue ganar el apoyo de la organización.

Don de mando:

El líder debe motivar a su equipo para alcanzar la excelencia a través de la convicción, impone su voluntad y autoridad razonando, no imponiendo arbitrariamente, pero sin ceder a chantajes emocionales, es tenaz y se exige a si mismo más que a los demás,

Formador de equipos;

El liderazgo va siempre unido a una mente maestra, un líder que se precie no selecciona a los mejores, escoge sólo a los excelentes por oposición curricular, incorporando a los que tengan mayor puntuación, curriculum y experiencia directa en su materia, debe ser capaz de delegar y apoyar, hacer sesiones de trabajo conjunto, no debe encasillar al personal, dando absoluta libertad para formar ese indispensable equipo de trabajo, buscando siempre frescura de ideas y propuestas de innovación, puede aplicar técnicas probadas entre otras "Administración por Objetivos", "Círculos de calidad", "Teoría Z", "Teoría Y" de W. Edwards Deming, Peter Drucker, Six Sigma* y muchas ideas más. No desautorice a nadie, reconozca el esfuerzo y premie la aportación; tómelos en cuenta, son seres humanos que viven y sienten, será un equipo de alta calidad con conciencia de grupo y usted estará comportándose como un líder de excelencia siempre, no imponga normas o cuotas de trabajo; las empresas deben estimular cero errores, que la dirección no pierda la mística que dio origen a su proyecto, hagan que la empresa para la que trabajan sea el mejor lugar para laborar, donde se tome en cuenta al trabajador como ser humano para que éste dé el cien por ciento de su capacidad, procure que cada trabajador sea su propio supervisor de calidad por su pasión por la excelencia,. Elimine de su mente la mediocridad del *Ahí se va* y del *Esto lo necesito en casa*. Siempre deben actuar con la plena convicción de que sólo lo excelente satisface a su desarrollo como ser humano. La garantía de lealtad, permanencia y aportación de la experiencia del trabajador, dependen de que las razones que motivaron su incorporación a ese equipo se satisfagan a través de la interacción continua del grupo, y si usted, que es su líder, les da la opción permanente para mejorar los procedimientos aplicando ideas, procedimientos innovadores, con reconocimiento y respeto a la propiedad intelectual de las aportaciones y mejoras técnicas que ofrezcan, anote en su agenda los siguientes puntos y aplíquelos:

- **Desear ser excelente**, (lo importante es desearlo para poder alcanzarlo). Empezando por optimizar consciente y permanentemente su actitud mental, patrones de pensamiento, conducta, lenguaje, hábitos, costumbres, mecanismos de comunicación familiar o entorno; en fin, su forma de vida.

Programar su proceso de cambio, (no es fácil de un día para otro). Fije una secuencia ordenada de cambio en cada uno de los aspectos, en el área laboral su calidad debe mejorar (ame su trabajo). Si no le gusta lo que hace, cambie de actividad. Su trabajo debe ser la pasión de su vida; no puede ser para irla pasando mientras aparece algo mejor. Revise sus logros cada tiempo programado. Vigile sus progresos, no se confíe.

Compresivo:

El líder se mostrará comprensivo cuando el error de un subordinado no se ha debido a mala fe, cuando a pesar de haber actuado de manera responsable no ha obtenido los resultados demandados.

-**Humano;**

El humanismo no es muestra de debilidad sino de preocupación por las personas. La relación que el líder establezca con sus colaboradores influirá en gran medida en el trato que otros altos ejecutivos dispensen a sus subordinados

-**Informado:**

El líder debe alcanzar un elevado nivel de información, para poder comunicarse con todas las personas que se le acercan hablar en reuniones perder el miedo escénico, adquirir tablas (como dicen en teatro) lo mismo debe hablar con el personal de intendencia o seguridad que con la gerencia o los accionistas en su caso.

-**Lealtad:**

El líder se lo exigirá siempre a sí mismo, no puede fallar a su grupo. Es un hombre de palabra, es una persona que defenderá a su gente, que no la abandonará a su suerte, el único modo de lograr el apoyo del grupo es demostrarle que estará ahí para defender sus intereses, el apoyo del líder es especialmente importante en los momentos difíciles, cuando por ejemplo algún miembro del grupo es cuestionado o criticado por terceras personas.

-**Motivador:**

El Líder buscara que todos los involucrados hagan suyas los objetivos y metas programadas asignando responsabilidades en función del perfil de cada uno de ellos, las supervisiones estableciendo la tolerancia "0" no castigando al que no lo alcanza, sino premiando al que lo logra, es más importante después de cubrir sus necesidades muchas personas consideran más importante, una vez cubiertas sus necesidades económicas básicas, el saber que su esfuerzo es valorado que son parte de un grupo el trabajar en un ambiente agradable, disponer de autonomía, poder tomar decisiones, con posibilidades de liberar todo su talento y su creatividad aportar sus ideas y su conocimiento,

Con metas definidas.

Objetivos muy determinados, difíciles, exigentes, realistas, alcanzables, precisos cuantificables, todos los involucrados deben opinar en su determinación, fijando metas sucesivas hasta la meta final, determinando los recursos necesarios para cada uno de ellas, estableciendo sistema de medición de avance objetivos para cada una de ellas..

-Visión a largo plazo.

El humano que vive despierto está atento a lo que ocurre a su alrededor, cualquiera que este sea, como los jugadores de ajedrez prevén los movimientos, de la competencia, programar las respuestas que debe dar, se adelanta a los hechos, dado que es una persona creativa no se contenta con lo que escucha, investiga su realidad, y actúa en consecuencia,

-El líder es un Hábil negociador.

Para que una empresa sobreviva debe ser capaz de prever y adaptarse al cambio y tomar la iniciativa, ganando la delantera adelantándose a los. Acontecimientos, lo que le permite tomar el liderazgo como empresa, esta capacidad estratégica es captada por el grupo y en ella se basa gran parte de la confianza que éste deposita en su líder, en la medida en que entiende que su futuro se encuentra en buenas manos ya que sea una empresa o un trabajador siempre se preocupara por el corto plazo también por el largo, el líder no es una persona que en un momento dado tiene una idea "mágica", sino que su manera habitual de funcionar es mirando siempre hacia delante, señalando nuevos retos, fijando nuevas metas, es inquieto, inconformista, soñador, pero que consigue materializar sus sueños: tiene una confianza ciega en llegar a lograr sus objetivos, su equipo lo sigue porque genera confianza; su visión de futuro es exigente, pero creíble y motivadora: genera entusiasmo, el futuro que el líder defiende conlleva objetivos difíciles pero alcanzables, debe ser un futuro que busque el bien de la empresa, pero también el de cada uno de sus empleados, debe ser así para conseguir el respaldo del grupo, y sin este respaldo difícilmente podría alcanzar sus objetivos, si el gerente de una empresa busca maximizar el beneficio a base exclusivamente de recortes de gastos (incluyendo reducciones de plantilla) es probable que su interés antagonice con el interés del personal, aunque el líder es quien señala los objetivos a largo plazo, debe buscar que participen activamente sus colaboradores con el objetivo de conseguir establecer unas metas que todo el mundo sienta como propias, la organización se sentirá si motivada si se siente identificada con los objetivos propuestos, por la persuasión del líder, demuestra una especial habilidad para ir avanzando en el largo camino hacia sus objetivos.

1.7.- Características complementarias del líder:

Algunas de las características del líder fortalecen su imagen ente los demás.

Su nivel de desempeño es superior.

No lo dice, simplemente lo hace, no trabaja porque si, simplemente su meta es la excelencia, aunque en ocasiones parece compulsivo, casi obsesivo se exige más de lo que los demás son capaces de dar o de hacer, eso lo hace diferente, porque además de ello, disfruta al máximo el momento presente, el ayer ya no existe, ya fue, ya no lo puede modificar, el futuro no sabe si lo vivirá sin embargo trabaja hoy se prepara como si fuera a vivir eternamente, lleva una vida equilibrada, compagina su actividad profesional con su faceta personal, familiar, social, etc., el líder debe demuestra que es perfectamente compatible una gran dedicación profesional con una rica vida privada, el entusiasmo, la energía, la ilusión que exige el liderazgo sólo se consigue con una vida intensa, entretenida, variada, el líder es una persona que sabe disfrutar de los placeres de la vida.

Perseverante:

Las metas que fija el líder son difíciles de alcanzar y tan sólo con un esfuerzo sostenido se pueden lograr., los obstáculos serán numerosos y en ocasiones pueden flaquear las fuerzas, tan sólo la perseverancia (una auténtica obsesión por alcanzar los objetivos) permitirá triunfar en el empeño.

Prudente:

Aunque el líder sea una persona que asume riesgos, no por ello deja de ser prudente, es el último responsable de la empresa; el bienestar de muchas familias depende de él, por lo que no se puede permitir el lujo de actuar de manera irresponsable, el líder conoce los puntos fuertes y las debilidades de su

Organización, respeta a sus adversarios, asume riesgos controlados tras un análisis riguroso, el líder tiene que luchar contra el endiosamiento, entendido como un exceso de autosuficiencia que le puede llevar a perder la prudencia.

Realista:

El líder está siempre con los pies en el suelo, sabe compaginar su visión del largo plazo con el día a día, conoce las dificultades que conllevan sus objetivos, el esfuerzo que exige a los empleados. También conoce sus propias limitaciones.

Justo:

El líder debe ser justo, tanto en la exigencia como en el reconocimiento, no puede dar lugar a agravios comparativos, debe reconocer los aciertos y fallos de sus colaboradores, exigente con todos y ecuánime en las recompensas,

Inquieto:

El líder es una persona inconforme, que le gusta indagar, aprender de la gente. Esta inquietud le lleva a estar permanentemente investigando nuevas alternativa, a ir por delante del resto, en el mundo actual, una persona conformista termina quedándose obsoleta inmediatamente.

Con sentido del humor:

El humor es fundamental en la vida, siendo especialmente útil en los momentos de dificultad, la gente se identifica con aquellas personas que saben ver el lado divertido de la vida, el líder que abusa de la seriedad y de los formalismos difícilmente consigue generar entusiasmo entre sus empleados, tiene que tener claro que hay momentos para las formalidades y momentos para cierto desenfado y no por ello va a perder el respeto de su equipo, sino que, todo lo contrario, conseguirá estrechar los lazos con sus colaboradores.

Optimista.

El optimismo es contagioso, el optimista es una persona que no teme las dificultades, que ve los obstáculos perfectamente superables; esto le lleva a actuar con un nivel de audacia que le permite alcanzar algunas metas que una persona normal ni siquiera se plantearía, además, la persona optimista se recupera rápidamente de los fracasos y tiende siempre a mirar hacia adelante.

En buena forma física,

El líder tiene que cuidarse, llevar una vida sana, hacer deporte, cuidar su alimentación, descansar. Es la única forma de poder rendir al 100% en el trabajo.

Conducta del líder en situación de crisis:

Acciones preventivas para evitar o minimizar los efectos de los riesgos.

a.- Preparar un equipo humano respondiente (mente maestra) indivisible. Ubicada entrenada para enfrentar probables situaciones de conflicto, con visión citica de grupo a futuro, con recursos humanos, tecnológicos, financieros suficientes con visión para responder a eventos futuros si alguno de los participantes no está a la altura debe ser retirado del equipo,

b.- Capaz de ofrecer soluciones en base a prioridades, oportunas, sin perder tiempo en buscar excusas, Justificaciones, o culpables:

c.- Asumir su responsabilidad de líder real sin mascaras ni dobleces con serenidad, objetividad, involucrando a todos los niveles de la institución o empresa..

d.- Recopilar todo la información veraz sin maquillaje, sin tomar en cuenta niveles o supuestas jerarquías, informando con exactitud a la base de lo que está pasando y de lo que se está haciendo y de lo que esta y puede ocurrir..

e.- Debe ser capaz de tomar y aceptar decisiones de fondo, justas, razonadas, objetivas, transparentes para salvar lo más posible afectable con un programa de evaluación de resultados, debe ser capaz de sacrificar para salvar.

f.- Pasada la crisis debe reconocer y agradecer y si es posible premiar públicamente a los participantes su esfuerzo y solidaridad, y el resultado final de las acciones tomadas

El Anti líder.

> Entre más grande es el arma más pequeño es el hombre

En las notas anteriores hemos enumerado las cualidades que todo líder debe poseer. Complementando el tema anotemos las que caracterizan al anti líder: Pero para empezar definamos al **Anti líder**,

En diversos entornos laborales principalmente en los institucionales oficiales existen los mandos que llegan a niveles de dirección de grupos a través de decir **si** a todo lo que diga u ordene la superioridad cualquiera que esta sea, son personas que jamás van a externar su punto de vista aunque sepan que es un error o un delito lo que les están ordenando que hagan, pero no se atreven a comentar que debieran tomar en cuenta otras circunstancias, aplicando la antigua premisa de que "El que manda manda y si se equivoca vuelve a mandar" aunque el cumplir su orden implique violentar los derechos de los afectados, o asesinar con premeditación, alevosía y ventaja a un niño o ciudadano inerme ¿Qué herramienta usa el que impone una orden absurda? El manejo de una emoción artificial negativa implantada en el ser humano desde el inicia de la civilización. El empleo del miedo como herramienta de control del pensamiento y conducta humana.

El empleo del miedo como herramienta de coacción es usado desde hace milenios para imponer la voluntad del jefe a los subalternos, o a la gleba en su caso; En todas las culturas son famosos los actos de barbarie cometidos por individuos sometidos a la voluntad de jefes carentes del más mínimo sentido de humanidad o de respeto a la dignidad humana, ¿Ejemplos? Sobran desde pasar a cuchillo a las tribus del desierto en el antiguo Egipto, "La Santa Inquisición" con sus millones de muertos, La milenaria implementación de la esclavitud impuesta a los pueblos de África por los ingleses, y otras naciones europeas, existente aun en este siglo XXI, en casi todos los continentes, la destrucción de ciudades completas Hiroshima y Nagasaki Los asesinatos en masa cometidos por grupos paramilitares, o militares, cometidos en la actualidad en nuestro territorio y así podemos segur al infinito. Pero dejemos la historia a un lado y situémonos en nuestro tiempo y tema

Una persona atemorizada puede hacer lo imposible por conseguir los objetivos marcados y evitar el castigo, pero le resultará imposible mantener este nivel de desempeño en el largo plazo: la tensión, el estrés, el temor, le irán pasando factura, al cabo de un tiempo nos encontraremos ante un empleado extenuado, absolutamente quemado, una persona paralizada no puede dar lo mejor de sí misma, además, si bien es cierto que el empleado atemorizado hará lo imposible por cumplir sus metas, también es cierto que se limitará a esto y a nada más, en ciertas organizaciones este es el elemento ideal, es carne de cañón no piensa, no razona, solo obedece, su voluntad, su mente, están bloqueados por el miedo, su premio es un adorno más en su hombro o en su pecho y probablemente unas monedas más en su haber y frecuentemente el suicidio.

Un empleado "aterrorizado" jamás se le ocurrirá tener una actitud activa, creativa, de innovación, de aportar nuevas ideas; ¿para qué?, ¿para que la dirección las utilice para establecer objetivos aún más complicados?, ¿es que acaso el ambiente de tensión favorece la colaboración? El uso de este recurso permite a los ejecutores el control de la voluntad de las víctimas sobrevivientes de momento, mismas que responden a la amenaza de perder el empleo, el ingreso económico, o incluso la vida o la familia, pero esta situación no se puede mantener en el tiempo, el poder que la placa, cargo, uniforme o el arma solo lo respalda a dar órdenes y exigir su cumplimiento, pero no le da ningún derecho a limitar la capacidades de pensar, razonar y de actuar por voluntad propia, incapacitándolo para una actitud activa, creativa, de innovación, o de antagonizar con los deseos del que impone, a aportar nuevas ideas; a pesar de todas estas consecuencias negativas que conlleva una dirección basada en el miedo que se transmite hacia abajo, afectando a todos los niveles de la empresa, favorece la intriga, los celos, las zancadillas, los atropellos: todo vale con tal de sobrevivir (sálvese quien pueda), genera una situación de enfrentamiento entre dirección y plantilla, olvidando la realidad de que todos están en el mismo barco, no hay lealtad hacia el grupo ni a la instancia, ocultando información y problemas por temor a la reacción del jefe, cuando por fin salen a la luz puede ser ya demasiado llegando a la desintegración de la unidad. .o de la empresa. A pesar de todas estas consecuencias negativas que conlleva una dirección de esta naturaleza, para ello se requiere al Anti líder con un perfil particular:

Apagado:

Un líder apagado difícilmente va a ser capaz de generar entusiasmo en su equipo, si el líder carece de energía, de optimismo, de empuje poco va a poder motivar a sus empleados, rehúye el riesgo, la persona que evita el riesgo a toda costa es un conformista que se contenta con lo que tiene y que difícilmente va a ser capaz de conducir la empresa a ningún destino interesante, en un mundo tan cambiante como el actual, no moverse es sinónimo de perder

Autoritario:

El jefe que basa su dirección en el empleo del miedo puede conseguir a veces muy buenos resultados en el corto plazo, pero termina inexorablemente dañando a la organización, los miembros de su equipo aprovecharán la mínima oportunidad para cambiar de trabajo, nadie soporta a un tirano, el ambiente que genera es muy tenso, la gente actuará sin iniciativa, irá al trabajo sin entusiasmo y así difícilmente va a ser capaz de dar lo mejor de sí.

Deshonesto.

Cuando el directivo carece de unos sólidos principios éticos no es de extrañar que termine cometiendo injusticias, el equipo difícilmente va a seguir a una persona de la que no se fía; más bien terminará despreciándola

Egoísta:

Una persona cuya principal (y a veces única) preocupación son sus propios intereses difícilmente va a conseguir el apoyo de su equipo, los empleados se darán cuenta inmediatamente del riesgo que corren confiando su destino a esta persona, por lo que tratarán por todos los medios de apartarlo de la dirección.

Falto de visión:

El líder consigue el apoyo de la organización a cambio de ofrecerle un proyecto realmente estimulante: el líder vende ilusiones, si carece de proyecto, ¿qué es lo que le va a ofrecer a su equipo?, ¿continuidad? eso lo puede hacer cualquiera, además, como ya se ha señalado, la continuidad es hoy en día la vía más rápida hacia la desaparición

Iluminado:

El líder es una persona que se adelanta al futuro, pero manteniendo siempre los pies en la tierra, sin dejar de ser realista, si los objetivos que propone el líder son a todas luces utópicos, la gente perderá su confianza en él, el puesto de trabajo es un tema muy serio y la plantilla no va a permitir embarcarse en aventuras con final incierto. Un iluminado puede poner en riesgo el futuro de la empresa

Incumplidor:

Promete y no cumple, su equipo se esfuerza esperando conseguir la recompensa prometida y ésta no se produce. Lo que le lleva a perder toda credibilidad, el equipo pierde su confianza en él y no va a estar dispuesto a seguir realizando esfuerzos adicionales.

Soberbio:

Se cree en posesión de la verdad, no escucha, no pide consejos, no acepta otros puntos de vista, no sabe reconocer sus errores, no reconoce sus propias limitaciones, se siente superior,. el líder se suele mover en círculos de poder, se codea con gente influyente, sus órdenes se cumplen sin objetar, nadie cuestiona sus decisiones, su presencia infunde respeto a sus subordinados, entre sus ayudantes abundan los aduladores en busca de su favor, todo ello puede hacer que poco a poco el líder se termine endiosando, creyéndose un ser superior, infalible, en posesión de la verdad., empezara a pensar que no necesita pedir consejos; se irá convirtiendo en un ser autoritario que todo lo gestiona a base de órdenes, se hace distante, prepotente, avasallador, deteriorando el ambiente laboral: un líder endiosado no es capaz de motivar. Su soberbia le lleva a cometer errores que no reconoce y de los que responsabiliza al resto del equipo, los líderes más destacados, son precisamente los que menos superiores se sienten.

La información que recibe a través de los conductos reglamentarios es de peor calidad, cada escalón jerárquico supone un filtro (los empleados suelen ocultar información que creen que puede molestar al jefe), normalmente, mientras más alto está una persona en la organización peor es la calidad de la información que recibe

Quedar obsoleto:

El líder que no evoluciona y aplica siempre el mismo modelo de actuación, aquél que tan bien le funcionó en el pasado, no se da cuenta de que en un mundo como el actual, cada vez más complejo, lo que funcionó en un momento determinado deja de ser aplicable al día siguiente.

Complacencia:

El líder puede llegar a sentirse satisfecho con los logros conseguidos y esto puede llevarle a bajar la guardia, a considerar suficiente tratar de mantener el nivel actual de la empresa, lo que, en un mundo tan competitivo como el actual, es una planteamiento tremendamente peligroso, que puede ser el inicio de la decadencia, cuando una actividad se hace rutinaria pierde su atractivo inicial, aquel sentido de "aventura" que tanto ilusionó en su momento y que le llevó a ver su trabajo como un auténtico desafío, cuando esta ilusión se pierde, la dedicación al trabajo y el nivel de rendimiento se resienten inmediatamente.

Temeroso:

Es una persona que se siente insegura, lo que le lleva a ser extremadamente celosa de su parcela de poder, tiene miedo a que alguien le pueda hacer sombra y ello le lleva a rodearse de gente mediocre, Es una persona acomplejada, el miedo a mostrar debilidad le lleva a rechazar consejos, a no escuchar, a no permitir que la gente de su equipo brille, este tipo de ejecutivo termina siendo despreciado por su equipo.

Herencia:

La visión del auténtico líder es hacer algo grande, algo que perdure, algo que le sobreviva, que trascienda, La visión del líder no se limita a buscar objetivos en el corto plazo, ni tampoco a buscar el bien de la empresa tan sólo durante el tiempo que él esté al frente, el líder quiere dejar huella, contribuir a algo útil y perdurable que beneficie a la empresa, a los empleados y a la sociedad en general.

Este deseo del líder puede responder a diversos motivos, necesidad de satisfacer su ego. Si ésta fuera la única razón respondería a una concepción del liderazgo muy pobre y limitada, convencimiento de que debe aprovechar sus capacidades para contribuir (poner su grano de arena) a mejorar de la calidad de vida de la gente que le rodea.

Para alcanzar este objetivo el líder debe, preocuparse por crear una cultura y un sistema de trabajo dentro de la organización que le sobreviva, para ello tiene que conseguir que su forma de trabajar, su búsqueda de la excelencia, vaya calando en todos los niveles, además tiene que preocuparse por ir formando nuevos líderes para que, llegado el momento, puedan tomar las riendas de la empresa, por otra parte el líder debe saber cuándo conviene retirarse y dar paso a gente nueva, cuando su empuje y capacidades vayan disminuyendo, cuando haya personas que vengan por detrás empujando fuerte, con nuevas ideas, con nuevos bríos, el líder debe saber apartarse y dejar que sean otros quienes tomen el timón, el líder no debe esperar a que comiencen a oírse las primeras voces pidiendo su sustitución, debe ser consciente de que su posición al frente de la empresa es tan sólo temporal y que se mantendrá únicamente mientras que sea la persona que más "empuje", Un líder que no acepta renunciar, que se aferra a su puesto, puede terminar dañando gravemente la organización.

Éxito y Excelencia Vivencial

. Liderazgo y Excelencia pg. 94 ed. Palibrio 2014 USA.).
a.-Atrévase, innove, experimente.

(Todo es perfectible)

El líder de excelencia es aquel que no dice ni se comporta con protagonismo, pero que su presencia es insoslayable, en un trineo, hay dos líderes, el que va ciegamente en punta jalando a sus compañeros y el que marca el camino, cuida que se vaya en la dirección correcta, sorteando obstáculos, capaz de ver más allá. Lo que logra a base de preparación y entrenamiento, de conocer mejor, de ver las necesidades de los compañeros; de visualizar la consecución de las metas; de aquí surgen algunas premisas fundamentales.

a. No se desgaste en detalles.

Reúna su equipo, deje que cada uno asuma su parte del proyecto y deles libertad de acción para que cada uno de ellos resuelva el cómo va a realizar su tarea; deles todo su apoyo, pero deje que ellos hagan su tarea.

b. Programe.

Programe la secuencia de acciones por prioridades, elabore su cronograma y deje un colchón de tiempo para imprevistos, incluya a todos sus colaboradores. No imponga; el líder lo debe ser en todos los ámbitos, piense en todo, no deje nada, al azar, programe los recursos disponibles, humanos, materiales, origen, cantidad, tiempos de transportación, costos, estímulos y premios, en una palabra todo y al final

repase de nuevo, modifique, replantee y actúe.
Infinidad de avances de la civilización se deben
a la habilidad y la inventiva visionaria de multitud
de seres, que han vivido con los ojos abiertos para
aprovechar en el momento hechos fortuitos o
presuntos errores, transformándolos en inventos tan
trascendentales como: la vulcanización y la penicilina,
el helicóptero, que se lograron aplicando experiencias
a eventos no programados; o como el rayo láser,
los rayos x, el motor de turbina o la televisión, que
transformaron la vida de la sociedad, en campos
como la investigación, la medicina, la transportación o
las comunicaciones:

Así mismo, algunos platillos extraordinarios de
la cocina internacional, son resultado de mezclar
sabores disímbolos ni el mole poblano, o el café
Irlandés existirían si alguien no hubiera tenido la
osadía de mezclar los ingredientes y probar el
resultado; en la Revolución Mexicana se inventa
el bombardeo por aire al usar El General Francisco
Villa un monomotor y lanzar granadas desde al
aire a ejército invasor, no desestime, use todos
sus recursos, esto incluye a las personas que lo
rodean, familia, amigos. Todos cuentan, la idea
más descabellada puede ser la solución; Aplique su
inventiva, rompa esquemas, aplique su experiencia,
no pregunte ¿se puede? Hágalo, si no lo consigue
insista, si lo consigue mejórelo de inmediato.

CAPÍTULO 2
El Mando y sus características.

Definición;
"Mando es un atributo del poder"

Resumen:

Concepto de mando.

En este capítulo se revisan, origen y calidad de los mandos, desde el tradicional mando castrense, a los mandos civiles, gerenciales administrativos y mandos por liderazgo, los objetivos, sus responsabilidades, las escalas tradicionales y las posibilidades de optimización a través de la reestructuración e implementación de organigramas y flujogramas, horizontales o verticales.

2.1.- Origen de los mandos:

Mando: Es la capacidad de imponer las decisiones y deseos de quien ejerce el poder sobre quién debe obedecer; el mando se integra por dos elementos el que manda y el que obedece, nadie tiene mando si no tiene a quien mandar. En toda relación humana en la que alguien tiene la capacidad de decisión, cualquiera que esta sea, se da la relación de mando, así sea entre: padre-hijos, esposo esposa, maestro alumno, gobierno gobernados, la capacidad de mando conlleva el recurso necesario para coaccionar al que debe obedecer, de acuerdo a lo que dictan las leyes los convenios, los reglamentos o la costumbre aceptada, aunque no es lo mismo: mando impuesto, que disciplina aceptada, recordemos que las civilizaciones más importantes en la historia son las que la disciplina, no impuesta, sino aceptada, han sido parte aguas en la historia, y así tenemos: a Esparta en la que un niño prefiere que una rata le muerda en abdomen a ser acusado de ladrón, Tenochtitlan en la que era un honor morir en el Ara de Huitzilopochtli, o un maya en que una virgen ascendía con las diosas al morir ahogada en el cenote sagrado.

Desde las antiguas monarquías, teocráticas o absolutas el poder impone sus órdenes sobre sus súbditos de manera incondicional a través del miedo no pudiendo estos oponerse a las órdenes recibidas, a pesar de ser arbitrarias o francamente lesivas o violatorias del derecho, la ética o la moral. (Ej. La Inquisición y los ejércitos actuales), aunque en la actualidad la ley establece qué a toda obligación corresponde un derecho, por intereses de cúpula y por vicios ancestrales los derechos dejan de ser tomados en cuenta por los grupos de poder en detrimento de los llamados subordinados.

2.2. "El mando militar es el superior de cada fuerza".

Desde el punto de vista castrense, El mando es vertical, el que manda solo hace cumplir órdenes que recibe en línea descendente y así mismo informa del resultado en forma ascendente hasta que llega al que dio la orden inicial, todos los ejércitos, cuerpos militarizados, paramilitares, policías, servicios de seguridad etc. funcionan de esta manera. a menor capacidad de juicio, raciocinio o análisis crítico del elemento, menos riesgo de que cuestione las ordenes que recibe, la tropa no piensa, solo obedece, incluso la plana mayor o grupo de jefes solo discute en grupo sobre la forma de hacer cumplir las órdenes del jefe, si se reuniera para cuestionar alguna orden se calificaría de sedición; En este concepto se dice "El que manda manda y si se equivoca vuelve a mandar" lo único que importa es que las ordenes se cumplan, las muertes colaterales como dicen los nuevos políticos, (u homicidios con agravantes) desde el punto de vista legal y los daños a la población no importan, lo que interesa es cumplir con lo que ordeno el mando.

Cuando se escucha la palabra "Mando" en la mayoría de las ocasiones se piensa en cuerpos de tropa o grupos paramilitares como un modelo de mando estático, monolítico en que subsiste la convicción de que el mando es indivisible que se funda "Legalmente" en la jerarquía otorgada por alguien que se dice superior que le asigna un cargo o una comisión; Para mantener el control total sobre la mente y voluntad del elemento castrense. Es posible que eso funcione, sobre todo para que el que se da de alta en un cuerpo de tropa, para militar, o agrupamiento de la policía, o no tiene otra opción en las condiciones socio económicas actuales y carece de capacitación en algún oficio o se quiere escudar en la impunidad del uniforme o la placa para cometer ilícitos, o de plano no le importa hacer ningún esfuerzo por tener otra calidad de vida ni para él ni para su familia; la excepción es la atracción honesta del uniforme y las insignias que ejercen sobre los jóvenes, para ellos existen las escuelas militares de formación profesional.

2.3. Origen de los cuerpos de tropa y similares.

Desde los inicios de la Civilización y a través de los tiempos, en cualquier parte del Mundo, Los grupos poder siempre han necesitado el apoyo de elementos leales que sean una exposición de fuerza disuasiva y represiva para antagonizar con los particulares que pudieran no estar de acuerdo con sus ideas o que probablemente llegaran a desear arrancarles el poder, sobre todo si este fue obtenido de forma ilegal, los grupos de exposición de fuerza han sido desarrolladas por personas o grupos con perfiles o patrones psicológicos específicos, caracterizados por una insaciable sed de poder o de riqueza y se integran con personas no siempre conscientes de la marginación socioeconómica, impuesta, importándole más su ego, sus neurosis, su necesidad de ser parte de un grupo, de ser tomado en cuenta de seguir a un líder [1] o aparentemente el amor al prójimo, que su propia familia o ellos mismos o simplemente porque es la única tarea – Dada su carencia de valores humanos, ética, moral, formación académica o de instrucción - Que les permite sobrevivir, a él y a los que dependen de él, ejemplo de lo anterior lo tenemos en los Carceleros Torturadores, Verdugos, asesinos a sueldo oficiales o privados, uniformados o de civil, tropas de elite, grupos comando, grupos policíacos especiales guardias blancas, cuerpos paramilitares, muchos de ellos extraídos del lumpen periférico de las grandes ciudades o desplazados de su lugar de origen, en México tenemos magníficos ejemplos, desde: los invasores españoles, hez de la sociedad peninsular, pasando por los responsables de las masacres de Tomochic, Rio Blanco, Chinameca, Xalostoc, individuos con más de con más de 150 muertes en su haber hasta los participantes en: Yajalón, Aguas Blancas, Michoacán, Guerrero; Tamaulipas, Morelos, y en muchos estados más.

En otro nivel, igualmente con un perfil o patrón psicológico especifico están los Pilotos Kamikazes, Bomberos, Rescatistas, Paracaidistas, Salvamento o Rescate, oficiales o privados de cualquier nacionalidad[2] dando origen a que haya una indefinición legal en los servicios de seguridad publica incorporando personas que no encuentran otra cosa de que vivir y que buscan la impunidad para la comisión de toda clase de ilícitos: desde robos, secuestros, violaciones etc. etc. deteriorando la impecable imagen que se debe a la ciudadanía.

2.4. Mandos civiles.

A los últimos tiempos civiles han estado a cargo de la Seguridad pública en distintas regiones, lo que es positivo para la sociedad, solo que el otorgamiento de tan alta responsabilidad debe ser por oposición curricular, a través de una convocatoria abierta a todos los especialistas interesados, para que solo los más calificados asuman dichos cargos, no es lógico ocupar esos puesto por amistad, compromiso político o por intereses económicos como ha sido hasta la fecha; Los designados para tales puestos deben ser egresados de un centro de estudios superiores con licenciatura en alguna disciplina como, Derecho, sociología, ciencias políticas y sociales, o alguna disciplina afín, o mínimo ser egresados de una escuela de cuadros y haber laborado durante el tiempo suficiente en las áreas administrativas y operativas de la dependencia en la que se pretende otorgarle mando. México entre otras naciones, pretenden crear una gendarmería o policía nacional con formación militar pero con un mando civil, capaz de enfrentar e intervenir en todas las situaciones que ameriten su presencia dentro de la sociedad. Mediante un acuerdo con el presidente de Francia, François Hollande; este país ofreció brindar asesoría para que el cuerpo policiaco programado opere como la Gendarmería nacional francesa que es una de las instituciones más antiguas que existen heredera del Cuerpo Militar de Caballería de Francia, mismo que durante siglos, fue el único cuerpo que ejercía en Francia las funciones de la policía siempre ha actuado como fuerza de policía con estatuto militar; subordinada al Ministerio de Defensa para las misiones militares y bajo la tutela del Ministro del Interior para las misiones de policía, lo que la ubica como la garante del respeto de las libertades y principios democráticos, al servicio de los ciudadanos (esto en Francia.) El cuerpo de la gendarmería comprende tanto militares oficiales, suboficiales y voluntarios como civiles funcionarios y obreros de Estado los gendarmes se encargan del mantenimiento del orden en las zonas rurales y las zonas llamadas "peri urbanas".

2.5. Objetivos del mando.

a.- FUNCIÓN DIRECTIVA

Autoridad inherente al puesto para Aplicar en forma ordenada y sistemática las actividades programadas de la organización, desde el punto de vista castrense son los límites establecidos para tomar decisiones emanados por los reglamentos y manuales específicos, limites que el líder elimina aplicando su inventiva y juicio emanado de su experiencia y conocimiento.

b.- Responsabilidad de planeación:

Determina: Operaciones tipo, tiempos, costos, insumos, materiales, para la realización de los proyectos empresariales.

c.- Organización directiva positiva:

Se basa en el enlace del trabajo productivo de los colaboradores a través de dirigir, prever, proponer, orientar, coordinar, recabar información,

d.- objetivo del mando:

El ideal de cualquier mando es que el grupo al que representa, logre los objetivos empresariales, institucionales, familiares, grupales o personales, en el tiempo fijado, con los recursos programados, alcanzando los beneficios proyectados..

2.6. Función del mando de los cuerpos de seguridad auxilio, salvamento, rescate y afines.

La función del mando de estos y de todas los grupos es garantizar el desempeño de los elementos para la salvaguarda de la vida, bienes, valores e intereses de la comunidad en el caso de los servicios de seguridad y protección civil, en cualquiera de sus facetas, el mando debe vigilar la formación capacitación y en su momento profesionalización de todo el personal a sus órdenes, estimulando en todos ellos la recuperación de la imagen de respeto y atención que debe tener ante la ciudadanía a través de la pirámide de autoridad; fundada en conocimientos en forma ascendente, (a mas grado o cargo igual a mas conocimiento) sin perder de vista los valores y derechos humanos fundamentales, respeto a la vida, la integridad física,

2.7. Responsabilidades del mando[3]

Los mandos dentro de esa designación asumen en primer lugar las siguientes responsabilidades:

Asignación de puestos por oposición curricular, con una elección exhaustiva, de colaboradores inmediatos y de personal a todo nivel por conocimiento, capacidad de autocrítica y el autocontrol, no por calificaciones en el aula únicamente, no por el temor al castigo o a la sanción, sino por el convencimiento formal de que es un ser de excelencia, no dependiente de la voluntad del portador de un galón o insignia, sino por propia voluntad porque es lo que beneficia al grupo, dirigir a través de órdenes razonadas concretas vigilando el cumplimiento en tiempo y forma y contenido de las órdenes que reciba o que imparta.

Replanteamiento de las Estrategias operativas.

Estimular la inventiva y creatividad del personal para resolver las problemáticas qué le toque en su trabajo diario, fomentar el espíritu de cuerpo e identidad de grupo, Fijar como divisa en la mente del personal la observancia de los valores del ser humano, El Honor, La Ética, la Moral y el Respeto a la vida. Aplicar Técnicas de psico selección de aspirantes en base a perfil mental para control y eliminación de la infiltración de la delincuencia programada por grupos de poder.

Actualización y aplicación de Mecanismos de control.

Aplicación de Técnicas de motivación e incentivos*.

Eliminación de la sanción "arresto", tipificado como privación ilegal de la libertad nadie absolutamente nadie tiene derecho de privar de la libertad a nadie sino es por medio de un juicio imparcial presidido por un representante de la ley legalmente instituido, en ese tenor el coordinador no impone castigos, orienta para que los resultados sean excelentes de acuerdo a la calidad institucional del cuerpo organismo o institución en la que se labore, no que pertenezca.

CAPÍTULO 3

La Comunicación y sus elementos.

Resumen.

En este punto se revisan los orígenes, contenidos y efectos conscientes e inconscientes de las diversas formas de comunicación de acuerdo al maestro Eric Berne, los contenidos directos emocionales y los enganches ulteriores, los estados anímicos del comunicador y la implementación de conductas sociales a través de las falacias de mensajes subliminales usados por la inteligencia y contrainteligencia de los grupos de poder con apoyo de la psicología de las masas, así mismo, se revisa la importancia de la neurolingüística como herramienta para alcanzar la excelencia y el liderazgo en los grupos de trabajo.

3.- Orígenes y motivaciones de la comunicación.

3.1.- La Intención:

Cada especie tiene sus propios medios de comunicación que no se reducen al lenguaje hablado del ser humano, desde el Plancton que capta los mensajes de temperatura y cambios de salinidad del agua, los delfines, las ballenas las mariposa monarca, los vegetales desde la sequoia hasta el liquen todos absolutamente todos los seres tienen sus propios mecanismos de comunicación.

En el ser humano y en todos los seres la comunicación es un proceso de intercambio de información para obtener o provocar un cambio en la conducta del que la recibe, el emisor antes de enviar un mensaje debe definir qué quiere conseguir del interlocutor, qué intención lo anima .con el armado inductivo de las frases y el manejo del texto intencionado, los grupos de poder manejan la comunicación aplicando contenidos y redacción aparentemente intrascendente, pero la secuencia de ideas expresadas a través de las palabras o imágenes (publicidad subliminal) busca generar motivaciones ulteriores, en la mente del receptor que beneficien al emisor, esta es una herramienta muy usada en labores de inteligencia, contra inteligencia, en labores de infiltración, incluso a nivel nacional, con implantación de ideas especificas aparentemente positivas para el receptor y que a la larga sólo beneficiaran al grupo emisor, desde el Tratado de Libre Comercio. (T.L.C.), las siembras transgénicas, la liberación femenina, la transformación energética, la modificación a la ley laboral, La reforma educativa La ley agraria y muchas más, La aceptación de estos mensajes depende además de la intención y la actitud del emisor, de la capacidad de análisis y necesidades específicas del receptor, en ocasiones un mensaje simple, mal recibido o en un estado de percepción inadecuado, genera un despido, un negocio que no se realizó, una ruptura sentimental, o una pérdida de autoestima, generando cadenas y cargas vivenciales permanentes de acuerdo a la carga de poder que tenga el emisor sobre el receptor.. Una comunicación debe ser iniciada con una introducción que abra la mente del receptor atrayendo su atención hacia lo que puede aportar para el beneficio del receptor, no se puede dar como un hecho que él va a resolver el problemas del transmisor, de ahí la importancia de tomar en cuenta la situación psicofísica, la oportunidad del momento, aplicando los conceptos de la comunicación neurolingüística antes de mandar un mensaje., el transmisor puede intuir cuál es el estado de ánimo de su interlocutor, por el tono de voz o por la forma de articular las palabras, y puede intentar abrir su mente, ofreciéndole algo que desea y que no tiene o que puede evitar que pierda algo que posee y que desea conservar.

Si se quiere obtener un resultado positivo las primeras palabras deben crear la atmósfera positiva, la necesidad para que el receptor acepte la petición, punto de vista, producto o proyecto.

Al receptor le interesan sus problemas, no los ajenos no acepta manipulaciones ni interés fingido, acepta realidades, honestidad, acepta soluciones no problemas, además tiene la capacidad de aceptar o no la carga emocional que encierra el contenido de la comunicación.

El receptor debe prestar atención a todo, no debe cerrar su mente, vea, escuche, interprete lo que quieren decir o comunicar, todo lo que les rodea es comunicación; debe abrir los ojos, analizar el entorno: vestido, modales, tono, timbre, modulación, intensidad de la voz, tomar en cuenta los puntos de vista, de su interlocutor, escuchar las propuestas, reconocer el valor de las aportaciones y aplicar en la justa medida.

3.2. Objetivo.

Analicemos brevemente los tres elementos fundamentales

El emisor. Es el que transmite la información,

El receptor. Es el que recibe la información.

El mensaje que debe ser: **breve, preciso y conciso,** nunca confuso, profuso, o difuso

El Lenguaje Para que un mensaje sea recibido por el receptor debe ser

Trasmitido en un lenguaje conocido por ambos, parece obvio pero en ocasiones parece que se habla en otro idioma.

Brevedad: Analice y concrete su intención, elabore su juicio defina su Idea y exprésela sin rebusques, barbarismos o extranjerismo, con el menor número de palabras posible.

Precisión: Exprese las ideas en forma concreta, inicie y termine cada idea, una por una, toque un solo tema.

Conciso: Defina el tema, no divague, el receptor no tiene tiempo de juegos de mentales o divagaciones.

La captación del mensaje depende de:

1. El emisor que transmite la información.

2. El receptor que recibe el mensaje, bajo un código o lenguaje y medio previamente acordado, en la comprensión del mensaje es importante tomar en cuenta que una cosa es.

a. Lo que el emisor piensa que dijo.
b. Lo quiso decir.
c. Lo que dijo realmente.
d. Lo que se entendió que dijo.
Desde el punto de vista del receptor:
e. Lo que escuchó.
f. Lo que cree que quisieron decir.
g.- lo que entendió o quiso entender

3.3.- Claridad, modulación e intensidad,

En los mensajes hablados los locutores insisten en que se hable claro para que se entienda y fuerte para que se escuche; Esto es el idioma español las letras se acomodan de cierta manera para que su expresión o valor fonético sea reconocido por el que lo escucha, si no las pronunciamos con la claridad precisa el oyente no les dará el valor otorgado, en otras palabras no lo entenderán.

Y si habla muy bajo es posible que el que escucha tenga la atención en otro distractor y no alcance a percibir las palabras que el emisor dice, con lo que el mensaje se captara distorsionado, sugieren así mismo que se module la voz con la garganta, no con la boca, respirando con el diafragma llenando la caja torácica desde las costillas, soltando el aire lentamente, otros elementos determinantes para el resultado de la comunicación son:

3.4.- Presentación.

Antes de presentar la petición, punto de vista, mercancía, producto, o proyecto, se debe crear la necesidad del mismo, a través de una selección muy cuidadosa del medio que se va a usar, para que el interlocutor la acepte, debe despertarle una emoción y una necesidad inconsciente, de ahí la importancia del contenido de los mensajes subliminales, el que escucha le interesan sus propios problemas, no los del interlocutor, se debe hablar de lo que le pasa a él, no pretender manipular ni fingir interés, ser real y honesto, ofreciendo soluciones a las necesidades reales.

3.5. Los medios y la comunicación.

En la planeación de la respuesta a situaciones de emergencia los mandos deben considerar a los medios de difusión como una herramienta fundamental para la transmisión de información veraz a la comunidad vulnerada y a la población abierta, de lo que está pasando, del número de víctimas, destino de las mismas, nivel de daños así mismo de las necesidades de equipo y suministro especializados, para un pleno conocimiento del programa de acción .que se está aplicando y los resultados que e se están obteniendo, respetando al máximo la privacidad de la población vulnerada, el responsable debe aprovechar la doble función de los medios de gestión e información para mantener el contacto con la comunidad; los voceros autorizados deben garantizar la calidad de la información que proporcionen a los medios para la comunidad, con toda la veracidad posible para evitar que alguna versión pueda ser inexacta, lo que desacreditaría el trabajo del grupo, el servicio médico respondiente debe dar información sobre los aspectos de la salud pública para la comunidad.

La participación de los grupos de rescate internacionales deben ser tratados con todo el respeto a la excelencia del equipo o técnica empleada en función de la calidad de los recursos de que disponga, aunque puede ser que parezcan ajenos a la situación psicológica del entorno. La atención de la crisis se inicia en las primeras 24 horas en que se da el inicio de la aceptación de la unidad de respuesta por la población vulnerada, el trabajo que se lleva a cabo en las primeras horas determinara la aceptación o rechazo por los afectados.

Para tener el apoyo adecuado de los medios se debe proporcionar un centro de prensa con lo necesario nombrando a una persona de alto nivel que será el enlace permanente, mismo que será el responsable de apoyar con los recursos necesarios, no permitiendo que la información tenga otros canales que el boletín de prensa actualizado constantemente, lo que permitirá el control total de la situación, la información debe ser coherente y creíble, evitando el silencio, las respuestas inadecuadas, la prepotencia con falta de humildad, con críticas o personalizando errores, o responsabilidades, evitando el yoismo, de preferencia con narración escueta de hechos sin apasionamiento ni morbosidad, Dando a conocer el plan de acción, para evitar que se repitan los hechos, con un balance equilibrado, mencionando la posición de las autoridades sobre la situación, evitando contradicciones y descalificaciones, de ser posible crear un canal de información sobre el estado, lugar de atención, y evolución y de las víctimas, que sirva para comunicar a las familias alejadas, una información oportuna y fiable disminuye el estrés y ayuda a mantener el orden.

CAPÍTULO 4

La negociación en situaciones de crisis.

> Definición breve:
> Negociación: una forma de manejar las diferencias Dr. Cleofe Molina

Resumen:

Una de las funciones más delicadas de los mandos de los cuerpos de seguridad es la negociación ante agentes agresores que ponen en peligro la vida de alguien si no se cumple la exigencia económica en un plazo perentorio, si el mando tiene la capacidad y el entrenamiento para ello, él se hará cargo pero lo más frecuente es que nombre a un auxiliar presuntamente calificado para las negociaciones, lamentablemente a últimas fechas pese a las negociaciones y el pago de las cantidades solicitadas los secuestradores le han arrancado la vida a las víctimas. Lo acertado y adecuación de la selección incide en el resultado.

El tema es

4.1 La Negociación (solución de conflictos)

Propuesta de Definición

Negociación:

Es una relación entre dos o más personas que buscan alcanzar un beneficio, licito o no, para una de las partes o para las dos, para lo cual usan todos los recursos posibles.

Objetivo:

El objetivo es conseguir lo que se desea con la premisa de que no siempre es correcto ni posible ceder a lo que solicitan, aunque esté en peligro la vida de seres inocentes.

En este tenor el mando debe conocer sus capacidades y las de su personal para saber si es capaz de una negociación positivan para los afectados.

La acción se inicia con:

a.- La selección del negociador con la preparación necesaria para resolver las situaciones de crisis cualquiera que esta sea,

b.- Identificar cual es el fondo del problema,

c.- Programar alternativas de solución, establecer planes de acción aprovechando los recursos de la comunicación, lo que es aplicable, en todo nivel sin importar magnitud, sobre todo enfocado al trabajo de equipo.

d.- Definir el perfil psicológico y puntos de ataque y control de la contraparte, a través de su discurso, presentación, solicitud, modulaciones, tono, giro, modismos,

4.2. Preparación.

El negociador debe tener actitud mental y la decisión de convencer a través de la palabra para concretar acuerdos, requiere una amplia cultura y sólida preparación especializada en el manejo de la comunicación neuro lingüista, no se puede ser improvisado, tiene que destinar tiempo formal a la preparación en las más diversas áreas para poder visualizar en su momento cuales son los intereses particulares de cada una de las partes, la formación profesional de un mediador le da la calidad para enfrentar diversos escenarios, permitiéndole evaluar la calidad de los antagonistas, así como saber desde el momento inicial ¿Qué campos desconocen sus interlocutores? Para incidir en ellos.

4.3.- El problema,

"Negociar en base a posiciones" genera acuerdos ilógicos, no es eficiente, destruye la relación, manipular no es solución, busque otras alternativas, u opciones.

4.4.- Definición del negociador:

Negociador: Persona que resuelve satisfactoriamente un asunto dentro del respeto a los valores básicos del ser humano.

Características:

Facilidad.

Para participar en conflictos, a mayor dificultad mayor despliegue de recursos, conoce y aplica la persuasión y el efecto y el valor de palabras y de la neurolingüística, pero con principios verticales.

Analiza.

Todo lo que observa, valora la importancia de un gesto, un ademán, o un movimiento facial, una inflexión o un tono de voz.

Respetuoso.

Muestra deferencia hacia su interlocutor, comprende su posición y considera lógico que luche por sus intereses, su meta es llegar a un acuerdo justo, beneficioso para todos. Principalmente para él bien en custodio cualquiera que este sea incluyendo la vida de las personas amenazadas.

Honesto.

Negocia de buena fe, no busca engañar a la otra parte, cumple lo acordado, salvo que perciba falsedad o engaño de la contraparte.

Profesional.

Es una persona capacitada, con gran formación, prepara con esmero cualquier nueva negociación, no deja nada al azar.

No improvisa.

Detesta la falta de rigor y de seriedad, precisa los términos de su propuesta y hasta donde puede satisfacer las necesidades de la otra parte.

Es cuidadoso.

Recaba toda la información disponible, ensaya sus presentaciones, define su estrategia, y objetivos, cuida los detalles.

Firme.

Sólido: sabe hasta dónde puede ceder, y a que no puede renunciar, es suave en las formas pero firme en sus ideas.

Auto confianza.

Seguro y firme en su posición, no se impresiona ni intimida por el estilo agresivo del oponente, sabe mantener la calma en situaciones de tensión.

Ágil.

Capta inmediatamente los puntos de acuerdo y de desacuerdo, reacciona con rapidez, encuentra soluciones, toma decisiones sobre la marcha, sabe ajustar su posición en función de la nueva información que recibe, no deja escapar una oportunidad.

Resolutivo.

Busca resultados en el corto plazo, aunque sin precipitarse (sabe que cada negociación lleva su propio tiempo y que hay que respetarlo). Sabe cuáles son sus objetivos y se dirige hacia ellos, los obstáculos están para superarlos.

Acepta el riesgo.

Sabe tomar decisiones con el posible riesgo que conllevan, pero sin ser imprudente (distingue aquellas decisiones más trascendentales que exigen un tiempo de reflexión y que conviene consultar con decisores superiores.

Paciente.

Sabe esperar, las operaciones llevan un ritmo que conviene respetar, no se precipita intentando cerrar un acuerdo por miedo a perderlo.

Creativo.

Encuentra la manera de superar los obstáculos, "inventa" soluciones novedosas, detecta nuevas áreas de colaboración.

4.5.- Tipos de negociadores: Se pueden definir en dos estilos:

1. Negociador enfocado en los resultados:

Lo único que realmente le importa es alcanzar su objetivo a toda costa, intimida, presiona, no le importa generar un clima de tensión, tiene una elevada (excesiva) auto confianza, se cree en posesión de la verdad, considera a la otra parte como un contrincante al que hay que vencer, si negocia desde una posición de poder se aprovechará de la misma, imponiendo su planteamiento, utilizará cualquier estratagema para presionar y lograr sus metas.

Es efectivo en negociaciones puntuales, no establece relaciones duraderas, en situaciones donde está en juego la vida de personas es muy útil este tipo de negociador si es capaz de aparecer como blando ser blando "Guante de hierro forrado de terciopelo"

2. Negociador enfocado en las personas:

Le preocupa especialmente mantener una buena relación personal, evita a toda costa el enfrentamiento; prefiere ceder antes que molestar a la otra parte.

Es un negociador que busca la colaboración, facilitando toda la información que le soliciten, planteando claramente sus condiciones.

Le gusta jugar limpio, por lo que no utiliza ninguna táctica de presión, confía en la palabra del otro, cede generosamente y no manipula, puede resultar excesivamente blando, de una ingenuidad de la que se puede aprovechar la otra parte, especialmente si el oponente responde al modelo anterior es ideal si puede usar su suavidad para ocultar la dureza.

Los negociadores se proyectan en estas dos vertientes en la vida real deberán ignorar los dos extremos, el primero porque puede generar un clima de tensión que dé al traste con la negociación y el segundo por una excesiva bondad de la que se puede aprovechar el oponente, el negociador debe defender con firmeza sus posiciones su firmeza no se debe entender como inflexibilidad, muy al contrario, el negociador debe ser capaz de ajustar su posición a la información nueva que reciba, a los nuevos planteamientos que vayan surgiendo durante la negociación.

De inicio conviene identificar el tipo de negociador al que se ajusta el oponente detectando sus fortalezas, carencias ¿Cuáles son las motivaciones de la contraparte? para interpretar su comportamiento, anticipar sus movimientos y si fuera necesario tratar de contrarrestarlos, todo buen negociador debe poseer y entrenarse en las siguientes habilidades:

• Ser buen comunicador.
• Ser flexible en los planteamientos.
• Tener capacidad de Autocontrol.
• Ser buen estratega.

4.6.- La negociación y sus resultados,

Tiene por objetivo alcanzar un acuerdo "razonablemente satisfactorio" para las partes que integran dicho proceso, en situaciones de riesgo lo que importa es la vida de las personas. No los intereses del agresor, ni la imagen de la institución o persona, es importante resaltar que si bien hay personas con facilidad innata para la negociación, estas aptitudes también se pueden aprender.

Las personas que están a nivel de mando deben entrenarse en las características de la negociación ya que tanto debe convencer a las autoridades superiores de que le den todo el apoyo político y económico para sostener la capacidad de respuesta de su equipo, así como debe convencer a los particulares o sociedad de que es el qué mejor responde a las necesidades de la situación,

Lo que importa al final es la excelencia de los resultados, cualquiera que esta sea, ya sea una exigencia sindical, un despido, un reacomodo un secuestro con rehenes. Una exigencia económica, una amenaza de bomba etc.

Para garantizar lo anterior se debe partir de una mesa de análisis de la problemática planteada con una evaluación de todos los factores y las variables dependientes e independientes,

¿Que piden? ¿Qué tan importante es lo que está en juego?: ¿Debemos antagonizar u obtenemos más ganancia cediendo? ¿Quién lo pide? ¿Por qué lo piden? ¿Son válidos los derechos que reclaman? ¿En que se apoyan? ¿Quién los apoya? ¿Cómo lo piden? ¿Para cuándo lo piden? ¿Es ética la solicitud? ¿Son honestos? ¿Está basada en valores? ¿Juegan limpio? ¿Tienen derecho a pedir? ¿Hasta dónde se puede ceder? ¿Se debe negar? ¿A quién beneficia? y ¿A quién perjudica?, ¿Hay alguien en riesgo? ¿Se puede negociar? ¿Se puede aplicar una simulación?

¿Entran en el juego ética y valores?

Los puntos anotados los analiza el mando antes de reunir a los participantes en la discusión resolutiva, se selecciona a los participantes, se diseña el ambiente de discusión, se nombra un moderador y se selecciona al negociador.

Antes de la tormenta de ideas.

Establecidas las variables que pueden ser otras más se revalora el entorno y las afectaciones y se abre una propuesta general donde se define el propósito. ¿Qué justifica lo que se demanda?, ¿Se está seguro? ¿Hay prioridad en la exposición de los temas?, ¿Qué querrían las partes si cambian de posición?, ¿Qué opciones tienen?, o ¿Qué se puede ofrecer?, ¿Que compromisos se pueden adquirir?, ¿La comunicación es de buena fe en los dos sentidos?, o se basa en la manipulación y el chantaje con posible daño físico a víctimas inocentes de por medio,

La legitimidad

Todo acuerdo debe estar fundado en la verticalidad nunca un acuerdo puede ser ilegitimo o injusto. ¿Habrá justicia o abuso en el trato? ¿Cómo se identifican los intereses? ¿Por qué? ¿Por qué no? ¿Cómo impacta en mis intereses? ¿Impacta en los intereses grupales? Los intereses múltiples de cada parte, ¿Alguien resultara atracado?, ¿las propuesta son justas para todos?, ¿habrá críticas a uno o a ambos?

Durante la tormenta de ideas.

Acomodar a los participantes uno al lado del otro, Aclarar las reglas y excluir las críticas negativas, poner las ideas en común, registrar las ideas de modo que todos las vean,

Después de la tormenta de ideas:

Seleccionar, acordar y mejorar las ideas más prometedoras, reservar tiempo para evaluar las ideas y decidir Informar a los participantes en el plazo previsto.

Los intereses más poderosos son las necesidades humanas:

Seguridad, bienestar económico, sentido de pertenencia, reconocimiento, control sobre la propia vida. ¿Habrá ganador y perdedor?, ¿Quién Tiene más poder? ¿Ambos tienen algo que ganar?, ¿Hay intereses compatibles?, ¿Hubo lluvia de ideas?, ¿Deben llegar a un acuerdo? ¿Están llegando a un punto muerto? ¿Qué se hará si no hay acuerdo? ¿Asumir que se ha llegado a un acuerdo?,

Concentrarse en los intereses:

Mis intereses, sus intereses son parte del problema, evaluación después la respuesta mire hacia adelante, no hacia atrás Sea concreto pero flexible, duro con el problema y suave con las personas, Inventar opciones de mutuo beneficio:

Elementos para el diagnóstico, juicio prematuro La respuesta única

El tamaño del pastel no es fijo, la solución del problema de ellos, no es solo problema de ellos.

Elementos para la intervención eficaz:

Separar: el acto de inventar opciones, del acto de juzgarlas, ampliar las opciones en vez de buscar una respuesta única, buscar beneficios mutuos, Inventar maneras para facilitarle la decisión al otro.

j. Ampliar las opciones:

Las opciones son posibles acuerdos o son partes de ellos, mientras más alternativas se pongan en la mesa es más probable que alguna satisfaga los intereses de los participantes, multiplicar las opciones yendo de lo particular a lo general, mirar a través de los ojos de varios expertos Inventar acuerdos de diferente intensidad, cambiar el alcance del acuerdo propuesto.

Pasos básicos para inventar opciones:

El problema en el mundo real ¿Qué sucede? ¿Cuáles son los síntomas? ¿Cuáles son los hechos que disgustan? ¿Cuál es la situación preferida?

I.- El análisis teórico:

Clasificar síntomas en categorías Identificar los elementos que faltan Identificar las barreras para solucionar el problema.

¿Qué se puede hacer?

Listar las posibles estrategias de intervención, Identificar actividades y programas específicos para generar ambientes para acordar las mejores intervenciones, buscar beneficios mutuos.

II.- Buscar beneficios mutuos:

Identificar los intereses comunes y complementar las diversidades diferencias de intereses, creencias, valoración del tiempo, previsiones, de aversión al riesgo

¡¡Pregúnteles que prefieren!! Los acuerdos se basan en los desacuerdos.

III.-. Qué los criterios sean objetivos:

El voluntarismo es costoso, el sentido común y la equidad, ser razonable y escuchar razones, es más práctico y redituable, no ceder ante la presión, producir acuerdos prudentes en forma amistosa.

4.7.- Recomendaciones prácticas:

¿En el lugar de quién? *¿Cuál decisión? Escribir borradores de borradores

Escribirlos bien, como si estuviéramos de acuerdo.

4.8. Intercambio de mensajes. (Comunicación):

¿Qué es lo que quieren escuchar? ¿Están dispuestos a escuchar en forma activa y empática? ¿Son claros los mensajes? ¿Han pensado en la forma de hablar para conseguir que quieran escuchar? Sin comunicación igual a sin negociación, escuche atentamente, ponga todos sus sentidos en su interlocutor, no solo sus palabras, sino lo que está diciendo con sus gestos, sus movimientos, hacia donde mira, hacia donde ve, hable con su verdad, para que se le entienda, no interrumpa, deje que se explaye, deje que se identifique con usted, hable de los intereses de él, mismos que pueden ser compartidos y compatibles, exprese su propósito, las relaciones son permanentes, enfréntese al problema, no a la persona, siempre "Más vale un mal arreglo que un buen pleito". Excepto que este en juego la vida de alguien.

4.9.- Las variantes:

¿Qué pasa si son más poderosos? ¿Y si no entran en el juego? ¿Y si juegan sucio?

I.- ¿Qué pasa si ellos son más poderosos?

Protegerse, Los costos de utilizar un mínimo, conozca la mejor alternativa a un acuerdo negociado (MAAN), La inseguridad de un MAAN poco conocido desconocido. Formular un sistema de alarma,

II.- Utilizar al máximo sus ventajas

Mientras mejor sea su MAAN, mayor será su poder, encontrar o inventar su MAAN Identificar la mejor idea y convertirla en alternativa real seleccionar la mejor opción Conocer el MAAN de la otra parte

III.- ¿Qué pasa si ellos no entran en el juego?

Concentrarse en los intereses y no en las posiciones ¿Cómo hacerlo para que acepte entrar en los intereses? utilizar el procedimiento basado en un solo texto

IV.- Abrir espacios de coincidencia:

Mostrarse abierto a la negociación, separar las personas del problema, anunciar negociación por principios, no descalificar

V, La miel atrae más que la hiel.

Evitar hechos amenazantes, no aceptar ni rechazar la posición de la otra parte,

Asegurar una buena comunicación, las decisiones importantes no se toman de inmediato, presente sus razones antes de proponer, ofrezca una alternativa buena para ambas partes, facilite la salida a la otra parte, póngase en los zapatos de la contraparte cierre la negociación con signos claros de conciliación

VI.- Procedimiento basado en un solo texto:

Requiere de un mediador: con autoridad reconocida, recoge las necesidades e intereses de las partes, propone lista de intereses de c/u, entrega propuestas sucesiva, entrega la propuesta final para un SI o un NO.

4.10.- Priorizar una intervención como propuesta del grupo: (Planes estratégicos)

El Método.

Solo es posible alcanzar un objetivo si se aplica un método y una secuencia de acciones y esto es más real si se enfrentan dos mentes pensantes o disciplinadas lo que exige una metodología y una disciplina en la planeación, en este campo trabajar al azar o "Porqué yo quiero" dificulta las soluciones.

Se puede iniciar separando personas y problemas, los negociadores son personas que trabajan por los interese del grupo al que pertenecen o por los propios, por lo que es importante separar el "Esto quiero" del "Esto es lo que necesito", el "Yo" pasa a segundo término, se trabaja por lo que hace falta, no por lo que se quiere, analizando y dándole prioridad a los intereses no a las posiciones, en el fondo, Identificar las razones y opciones de beneficio grupal o institucional Insistir en criterios fundamentados, éticos.

4.12.- Las diferentes percepciones.

Póngase en el lugar del otro ¿Que lo motiva? ¿Cuáles son sus intenciones? Exactamente ¿Que quiere?, comentar las mutuas percepciones, ser consistente con las propias percepciones, haciendo valer los principios y valores

4.13.- El mundo de las emociones:

El uso de las emociones en la negociación es usado desde hace milenios siempre ha sido muy útil llevar a la contraparte por esa pendiente una vez que está en ella es difícil que se detenga lo normal es que se desate una tormenta emocional, Reconocerlas y comprenderlas, las de ellos y las propias, evite a toda costa ser llevado a ese nivel, recuerde "**El que se enoja pierde**" Que la otra parte se desahogue, aproveche esa debilidad de la contraparte, evalué Los gestos simbólicos y las reacciones inconscientes, usted es el que controla la situación y obtiene los beneficios..

a.- Cuando la otra parte juega sucio:

Engaño deliberado, información falsa, autoridad ambigua, Intenciones dudosas, mentiras, violencia psicológica, ataques y situaciones personales o ambientales tensas, negativa a negociar, el juego del bueno y del malo, el socio inconmovible, demoras premeditadas, amenazas, tácticas de presión, exigencias exageradas y crecientes, tácticas de atrincheramiento, Tómelo o déjelo, algo menos que la verdad total no es lo mismo que una mentira, tácticas de presión, Ilegales, o no éticas, desagradables,

b.- Cuando una parte usa esos recursos es señal de que no tiene argumentos sólidos para negociar y usa las herramientas sucias no permita que lo involucre ni acepte el chantaje, emocional, reconozca la táctica, defina el problema, ignore a la persona concentrarse en los intereses, invente opciones de mutuo beneficio,. aparentemente ignore, desarticule la artimaña con exposiciones claras y definidas,

4.14.- Guía para preparar la negociación.

a.- Identificación del negociador,

En principio usted impone las reglas:

Exija que la contraparte con quien se va a tratar se identifique, solo acepte la intervención de uno con calidad de decisión, no permita la intervención de otro negociador, en ese momento inicie la negociación psicológicamente usted va a dirigir el trato, el otro va a querer hacer lo mismo pero usted ya tomó la delantera

b. Defina en tema de negociación.

No permita distracciones, salvo que a usted le convenga para distraer a la contraparte,

c.- Objetivo:

Obtener el mejor resultado esperado de esta negociación sin poner el peligro la integridad de nadie, los prestigios personales o institucionales no importan la prioridad son los resultados, mis percepciones personales no importan lo importante es el resultado de la misión: ¿Que debe hacer u ofrecer para obtener lo que necesito? Recuerde una frase coloquial muy a la mexicana.

"El prometer no empobrece el dar es lo que aniquila"

d.- Opciones.

¿Qué puedo hacer si no hay negociación? ¿Qué es lo mejor? ¿Qué debería hacer realmente? Si lo que está en juego solo son bienes materiales adopte la política del control de incendios: Proteja lo salvable lo dañado déjelo perder, si son vidas humanas acceda hasta que estén a salvo. Una vez garantizada la seguridad de los involucrados es función del equipo de reacción hacer lo que tenga que hacer.

c.- Legitimidad.

¿Cuáles son los posibles acuerdos que podamos alcanzar? Los que me dé oportunidad la contraparte, ¿Existen criterios externos que convenzan a uno o a ambos de que un acuerdo propuesto es justo? Si es legítima la petición apliquemos esos criterios.

d.- Resultados:

Si llegamos a un acuerdo, nos comprometemos con alguna(s) opción(es). ¿Cuál? ¿Cuáles? Fundamental, debe ser benéfico para ambos, tienen clara la clase de compromiso que pueden esperar' ¿Están cerca del momento de tomar una decisión?, ¿Qué otra cosa tienen que hacer después del acuerdo?, ¿Quién tiene la autoridad para comprometerse?

4. 16.- Ejercicio:

A efecto de entrenamiento para diversos eventos el mando debe entrenar a su equipos para una respuesta coordinada en situación de riesgo este presente o no lo este, el agente agresor no va a preguntar si está el responsable para actuar, el personal debe saber que acciones debe realizar en cada caso,

a.- Negociación:

Prepare modelos de historias previas, inicie con ejercicios de complicación crecientes, en escenarios donde haya oportunidad de aplicar los conceptos planteados y donde todos los asistentes participen ocupando roles distintos, procure que se den enfoques sistémicos, filmando (videos) analizando posteriormente los resultados obtenidos y el comportamiento de los participantes.

Sobre todo a los que realizan en papel de negociador para ir puliendo la calidad de respuesta.

b.- Planeación y Preparación.

Establecer temas a manejar.

Tiempos: Fije fecha, horario, duración, con respeto a los tiempos marcados

Número de participantes fijar la secuencia de la participación,

Definir objetivos para cada uno de los roles,

Recopilando toda la información disponible,

c.- Local:

Cómodo, amplio, ventilado sin corrientes de aire, iluminado, mobiliario mesas sillas confortables, agua caliente y fría, refrescos fríos, café azúcar, galletas.

d.- Apoyos didácticos.

Videos, cañón, computadora, rota folio, pantalla marcadores, grabaciones de audio con sonidos ambientales, micrófonos, bocinas, radios, audífonos.

Tiempo asignado 30 min. Por grupo. Tiempo total 3 horas

Mecánica de ejercicio:

a.- Registro de participantes. 10 min
b.- Integración de grupos de 6 personas 10 min.
   C/u observador por grupo
g.- Propuesta de Temas para el taller:
   Exigencia sindical,
   Un despido,
   Un reacomodo
   Un secuestro de rehenes.
   Una exigencia económica,
   Una amenaza de bomba etc.
   Toma de instalaciones,
c.- Asignación de roles: 10 min.
d.- Inicio de actividades taller dirigido. 2 00 hs.

e.- Sesión de discusión de observadores   30 min.
Solo los observadores

f.- sesión plenaria para Análisis de resultados 30 min todos los participantes

Tiempo total 3 00 horas.

Las contrapartes deben ser más tenaces en sus solicitudes generando escollos al negociador, agilizando su mente y su inventiva, en la vida real es frecuente que las contrapartes lleguen a los extremos. Si un rehén cae es signo de que no va a ceder, el siguiente paso es tarea del grupo de reacción inmediata.

Sugerencia: Repetir el ejercicio cambiando escenarios y roles mejorando la calidad de los negociadores.

CAPÍTULO 5

El Liderazgo y la excelencia.

> Excelencia:
> Es una forma de Vida,
> elimine las estacas mentales,
> rompa los rituales, ¡Atrévase¡
> y los paradigmas

Resumen

En este tema se revisan los tipos de liderazgo, niveles de autoridad, identidad, metas y necesidades, tipos de poder, control, influencia, intimidad e intimidación, dependencia, interdependencia, binomios, intereses, enlaces, los juicios de valor, escaleras y cangrejos.

5.-Atrévase, innove, experimente. (Todo es perfectible)

La excelencia es una característica innata del ser humano; los únicos límites para adoptarla como una forma de vida están en el yo, este último, como modulador de los efectos de las emociones y para el uso de algunas de sus herramientas más importantes, como son: la idea, el juicio, la intuición, la decisión; elementos que integran el libre albedrío y la libertad en el pensar y el hacer.

5.1.- El Privilegio de la Excelencia

El privilegio de la excelencia es que le permite al humano ser guía para la sociedad a través de una formación constante, con una conciencia real de quién, cómo y por qué es, con seguridad en sí mismo, aprovechando todos los recursos, transformando los errores en resultados diferentes, encontrando lo positivo en todo resultado negativo. El ser humano de excelencia siempre es ejemplo para aquellos que lo rodean, su actuar invariablemente será en beneficio de los demás, en el plano emocional se ubica permanentemente en la posición de adulto: razona -no racionaliza-, analiza, informa, orienta a los que le rodean para que apliquen las mejores opciones a los conflictos en los que se involucren.

No busca excusas de no hacer porque no hay; busca cómo ejecutar con lo que se tiene, a través de un trabajo formal y constante aprovechando las riquezas potenciales disponibles, mediante metas y tiempos programados, con un concepto perfectamente definido de autoestima, aprovechando las oportunidades, para alcanzar las metas establecidas con visión a futuro, basando sus acciones en principios y valores fundamentales, se siente muy seguro de sí mismo y con capacidad de concretar lo que planea; con un espíritu de superación constante toma la decisión de hacer realidad lo que planea.

El don de la excelencia con el que nació es aquí y ahora, no mañana, poniendo en operación la capacidad de romper esquemas, moldes, patrones de conducta, o paradigmas anquilosados.

Los principios de la excelencia son una forma de vida permanente, la que desde nuestro particular punto de vista se puede aplicar tanto al ser humano como individuo, a una institución oficial, a una empresa multinacional, a una familia o a una nación.

En épocas tormentosas, como las que vivimos, hace falta el hombre capaz de tomar decisiones y de rescatar los valores humanos fundamentales tenemos la ineludible obligación de rescatar esa forma de vida para poder enfrentar con éxito a los grupos de poder y de presión que se han olvidado de salvaguardar o aplicar estos fundamentos existenciales, dedicándose a proteger intereses de partido, grupo o personales, con ignorancia total de la ética, la honestidad y los principios morales que juran defender los servidores públicos cuando protestan el cargo.

La prensa nos informa de responsables de proyección y seguridad a nivel nacional, que se han coludido, ordenando actos infames, homicidios atroces, como lo son los hechos de Tlatelolco, Lomas Taurinas, Cancún, Yajalón, Acteal y los más de 240 mil asesinados que van de 2005 a la fecha en todo el país, aunado a la vulneración de la voluntad de las mayorías, la imposición de la anticonstitucional y a todas luces criminales Reformas Laboral y educativa -Acción de la que estaría orgulloso Don Porfirio Díaz-, así como de la desaparición por asalto armado de la Compañía de Luz y Fuerza del Centro con violación directa de los principios y derechos laborales.

En otro rubro hay grupos de poder que se esfuerzan sin recato alguno por entregar a particulares extranjeros la mayor cantidad posible de activos y recursos de la Nación -incluyendo las costas- afirmando con el mayor desenfado que nos conviene y beneficia que nuestros bienes sean propiedad extranjera. De ahí la prioridad de instrumentar en el programa de educación básica: ética, rectitud, honor, verdad, justicia, moral y respeto a los principios de la Patria a través dela excelencia.

5.2.- Importancia de los principios de la excelencia.

Sólo viviendo la excelencia se logra progresar en este caótico pero maravilloso mundo, el cual, no se puede entender de otra manera si se tiene el conocimiento de que somos el producto más acabado de la creación.

Si usted no vive, ejerce, impulsa, exige; si no se desayuna, se transporta, labora, se divierte, hace el amor y duerme en la excelencia, le es urgente romper sus paradigmas existenciales actuales y atreverse al cambio.

Los principios de la Excelencia son muy simples, sólo hay que pensar en que *lo mejor no es suficientemente bueno,* pero para ello hay que estar DESPIERTOS aquí, ahora y siempre, organizando nuestras acciones para obtener los resultados que necesitamos, no los mejores, sino excelentes resultados en cualquiera que sea nuestro campo de acción; si nos conformamos con menos, algo está frenando nuestro progreso o desarrollo y esto puede ser el mismo medio social, por lo que insistimos:

Sea selectivo en todo lo que vive, usa, come, ve, lee; usted decide lo que es, nadie más.

5.3 Liderazgo y Excelencia.

El líder de excelencia, según Heberto Mahón[2], es de tres tipos: blando, duro y firme, sin embargo, si aplicamos los principios de la excelencia anotados párrafos arriba, observaremos que el auténtico líder de excelencia es aquel que no dice ni se comporta como guía, pero que su presencia es insoslayable, lo que logra a base de entrenamiento, de conocer mejor y de estar con su equipo.

De lo anterior surge una premisa fundamental: **preste atención**, escuche al que quiera decir o comunicar algo, programe su tiempo -incluyendo a la familia-, si es usted un líder lo debe ser en todos los ámbitos, respete sus tiempos, elabore su cronograma y deje un colchón de tiempo para imprevistos, organice sus documentos en secciones o carpetas rotuladas por fechas y por orden alfabético, para que cada cosa esté en su lugar (si tarda más de un minuto buscando un papel es usted una persona desorganizada). Ponga por escrito sus ideas o proyectos (visualice a futuro), a quién van a beneficiar, en qué forma, cómo las va a aplicar, con quiénes cuenta para aplicarlas. La utilidad no sólo debe o puede ser monetaria, recuerde: *los límites sólo están en su mente, deshágase de ellos, empiece ahora, no mañana,* hay un millón de causas para y por qué no hacer las cosas. En ocasiones las tablas de decisiones son útiles, apliquelas, si usted tiene fe en su proyecto y lo ama adelante, llévelo a cabo, recuerde: la fuerza más importante del universo es el Verbo. Si verbaliza su

---

2   Excelencia: Una forma de vida Ed. Javier Vergara Pg. 56-56 Bs. Aires Arg. 1991.

idea o sueño ya le está dando cuerpo y fuerza para su realización, sólo espera a que usted se ponga en marcha.

5.4 Principios genéticos.

De acuerdo con las Leyes de Mendel, el código genético de sus ancestros determina las características heredo familiares, fisio-anatómicas y psico-anímicas particulares, con base a la etnia o área geográfica de origen de cada ser humano, durante la gestación en el antro materno.

Michael Skinner publicó en un artículo científico que los cambios epigenéticos de los espermatozoides se transmitían a través de varias generaciones. El autor expresa que las experiencias de vida de los abuelos o incluso ancestros con más antigüedad –se afirma que desde antes-, provocan cambios estructurales genéticos en óvulos y espermatozoides de hijos, nietos y bisnietos. Su sistema nervioso se desarrolló en el mar de percepciones, sensaciones, emociones y vivencias en que vivían los padres, mismas que fueron y son atendidas, codificadas y decodificadas por los órganos sensoriales del ser futuro -que no son únicamente los cinco que nos han hecho creer- y transmitidas por el ADN y, en su momento, por los axones a la médula espinal y de ahí al yo sensorial integrado por el tálamo, que tiene la función de ventanilla única para recepción y entrega de las percepciones y respuestas (correspondencia) al sistema límbico asiéndose de sus tres auxiliares: hipocampo, amígdala e hipotálamo, para el control de las emociones y almacén de los recuerdos en sus diversos grados de profundidad, con el visto bueno de la directora, la glándula pituitaria que dirige, entre otras cosas, las secreciones hormonales específicas y decide, con base en su memoria genética y capacidad de análisis y síntesis, el efecto inmediato (arco reflejo) o mediato (fobias, rechazos o capacidades futuras) que el estímulo o vivencia va a tener sobre el receptor.

5.5.- Condicionantes sociológicos.[II]

A través del tiempo y en todo el mundo desde la antigüedad: Minos, Creta, Grecia, India, China, África y en los tiempos del Oscurantismo, con la aparición de diversas corrientes de pensamiento en Europa y América, los grupos de poder se han coludido para consolidar la explotación del ser humano, creando diversas formas de miedo, encadenando la mente y el espíritu a falacias o normas de la más diversa índole, según la deidad regional o el interés del grupo de presión, induciendo adicciones psicológicas, estados de miedo o angustia existencial[3]

En la actualidad, las altas tasas impositivas generadas por la globalización a ultranza obligan al cierre de empresas y negocios. La pauperización de la clase media, la venta y el regalo de nuestros bienes y recursos a grupos internacionales; la introducción de semillas transgénicas -con la destrucción de nichos ecológicos- provocan el abandono de la actividad agrícola, la esclavitud alimentaria y el uso de la tierra para cultivos ilegales de alto rendimiento, lo que conlleva a la eliminación

---

3   Frantz Fanon. Los Abandonados de la Tierra, Ed. Fondo de Cultura Económica 1961

por manipulación de la capacidad de autocrítica social, pérdida de los valores y el respeto a la vida, dando como resultado el incremento de una desigual distribución de la riqueza, con comunidades en situación de miseria extrema y una sociedad consumista esclavizada por el crédito bancario internacional voraz y la eliminación de la clase media.

Todo esto lleva al ser humano pensante a vivir permanentemente en la insatisfacción existencial, provocando las eternas preguntas: ¿Por qué las situaciones no marchan como él quiere? ¿Por qué no es quien quiere ser y lo persigue la mala suerte? ¿Por qué las cosas no son como él desea? y espera que la Divina Providencia le resuelva la vida, saturando los salones de los oráculos, desde los templos de Delfos, a los lectores del Tonalamatl en Tenochtitlan, Teotihuacán o Cholula, hasta los actuales lectores del I Chin, los caracoles, las cartas, el café, el Tarot o en los templos de toda índole, donde se rinde culto a figuras presuntamente cumplidoras que rebosan de clientes o solicitantes de favores -legítimos o no-. Se suplica desde el apoyo para un triunfo deportivo, hasta la muerte de alguien; todos piden la bendición a sus deseos o respuesta a sus interrogantes y no sólo estamos hablando del pueblo llano, sino también de personajes de muy alto nivel de gobierno o áreas que no toman decisiones sino son aconsejados por algún gurú avezado en estas artes.

5.6 Formación: empírico experimental.

La formación y la educación del ser humano dependen, en gran medida, de la calidad del medio que lo rodea. En su infancia los principios, la ética y los valores se heredan. Si los padres son seres pensantes con principios y valores, el niño crecerá con esa información congénita; si los padres son producto de un ambiente castrante, los hijos serán a su vez padres castrantes y así sucesivamente, generando lo que los psicólogos denominan *Constelación Familiar*, viviendo repetidamente los accidentes y eventos de los ancestros, los actos y costumbres irreflexivos, comprando enfermedades que sin serlo se vuelven hereditarias; por ejemplo, si el padre o madre usa lentes, el hijo o hija los usará aunque fisiológicamente estén sanos, ya que la figura materna o paterna es su referencia emocional y queda como grabación familiar que debe ser repetida inconsciente pero integrada de manera obligada.

Si el ser humano reconoce los traumas heredados está en posibilidad de romper la *Constelación Familiar*, al aplicar conscientemente modelos de pensamiento crítico positivo y proyectos existenciales de superación; para ello, debe activar su capacidad intuitiva al dinamizar su necesidad de cambio, aprovechando el momento en que le animan secuencialmente la inquietud, la intención, el deseo, la idea y el juicio, para formalizar el pensamiento, mismo que, al ser verbalizado, se convierte en decreto y de ahí a cristalización de la idea en realidad concreta.

5.7.- Educación estatal.[IV]

Desde el punto de vista educativo, los programas oficiales, desde nivel pre-escolar hasta universitario tecnológico, son incapacitantes. Falazmente, todos los inscritos en los niveles de educación primaria y secundaria oficial, con el mero hecho de cumplir con el número de asistencias programadas, reciben su certificado, pero no los conocimientos básicos que los capaciten para aprobar un examen de admisión a centros de estudio superior, los cuales fijan un número determinado de aciertos.

Las autoridades educativas pretenden convencer a estos rechazados para que busquen otras opciones o espacios de formación técnica en escuelas oficiales o particulares, lo intenta conseguir, difundiendo mensajes de control social directos o subliminales, dejándole a esta importante fuerza de trabajo, como única opción, la incorporación al comercio o actividades informales, sin posibilidades de un trabajo permanente, objetivo de la Reforma Laboral impuesta por el grupo en el poder *a Los abandonados de la tierra de Franz Fanón*. En esta clase pretende que se incluyan los ex trabajadores miembros de los que fueron los sindicatos más importantes de esta Nación, desaparecidos por decreto; para matizar este depauperante proyecto, patrocina eventos distractores masivos de toda índole, buscando que la población joven, que no trabaja ni estudia, eluda la importancia de los problemas de desarrollo económico existenciales que los convierte en lumpen social.

Conciencia de la realidad existencial}

Los seres pensantes que viven esa realidad no están dispuestos a ser manipulados o guiados en la dirección que el sistema quiera y asume la dirección que más convenga a él y a su grupo, pero no se exalta ni hace drama simplemente guía, El líder de excelencia es aquel que no dice ni se comporta con protagonismo, pero que su presencia es insoslayable, en un trineo, hay dos líderes, el que va ciegamente en punta Jalando a sus compañeros y el que marca el camino, cuida que se vaya en la dirección correcta, sorteando obstáculos, capaz de ver más allá, lo que logra a base de preparación y entrenamiento, de conocer mejor, de ver las necesidades de los compañeros; de visualizar la consecución de las metas; de aquí surgen algunas premisas fundamentales.

a.-Libertad de acción.

No se desgaste en detalles. Reúna su equipo, deje que cada uno asuma su parte del proyecto y deles libertad de acción para que cada uno de ellos resuelva el cómo va a realizar su tarea; deles todo su apoyo, pero deje que ellos hagan su tarea.

b.- Programe tiempos y acciones.

Si tiene un proyecto a realizar elabore su cronograma con la secuencia de acciones por prioridades, deje un colchón de tiempo para imprevistos, incluya a todos sus colaboradores. deles libertad de decidir, no imponga, sugiera; pero de bases, de porqué, induzca la tormenta de ideas, el líder lo debe ser en todos los ámbitos, piense en todo, no deje nada, al azar, programe los recursos disponibles, humanos, materiales, origen, cantidad, tiempos de transportación, costos estímulos y premios, en una palabra todo y al final repase de nuevo.

c.- Liderazgo es algo que todo mundo desea alcanzar pero que pocos saben cómo lograr porque no siempre se acepta como norma de vida, el ser de excelencia motiva a los que le rodean a comprometerse con el proyecto cualquiera que este sea, su decisión, audacia, su capacidad para romper moldes, paradigmas, o estructuras de pensamiento, cambiar los modelos y formas de pensar, ser un ser de excelencia es ser un líder siempre, como dice de otra manera Miguel A. Cornejo, no confundir administrar a dirigir, lo que distingue al que administra una familia, una empresa, o una nación sigue guías patrones predeterminados, normas aplicadas por instituciones especializadas; Dirigir es hacer que los demás hagan las cosas de manera excelente siempre, que no se conformen con hacerlo bien, creando nuevos caminos, nuevas opciones, El administrador coordina los recursos, humanos económicos, materiales de su empresa, el líder provoca emociones, genera el orgullo de la acción y del resultado, establece valores, y fija metas a futuro, proyecta la imagen de su organización o de su nombre, alimenta el ego de su equipo como una de las necesidades marcadas por Maslow la necesidad de ser tomado en cuenta por su utilidad porque sabe o hace, desarrollando el potencial de su equipo en la mejor dirección.

Para terminar: El ser de excelencia no administra, dirige, no se limita a hacer las cosas bien si administra va a limitar el rendimiento de personal o familia, no se pliega a lo que dice su texto de administración, toma nota de lo que le indique su mente maestra.

CAPÍTULO 6

Administración de riesgos, Reto para el líder.

Lat. (*ad*, hacia, dirección tendencia y *minister*, subordinación, obediencia),

Resumen:

Dentro de la responsabilidades del líder están fijar objetivos, seleccionar colaboradores, establecer convenios, acuerdos, tomar decisiones romper esquemas y paradigmas, crecer como grupo, aprovechando todos los recursos, generando un producto de excelencia, para satisfacer al usuario final del producto, buscando el, desarrollo del personal participante y de la instancia a la que se representa, aplicando las teorías de dirección de los autores más reconocidos en la actualidad, o aplicar protocolos de administración para que nada se salga de control de acuerdo a protocolos establecidos.

6.1 La Administración o dirección, Reto para el líder

La administración como una ciencia social compuesta de principios, técnicas y prácticas y cuya aplicación a conjuntos humanos permite establecer sistemas racionales de esfuerzo cooperativo, a través de los cuales se puede alcanzar propósitos comunes que individualmente no es factible lograr

La Administración consiste en lograr un objetivo predeterminado, mediante el esfuerzo ajeno. (George R. Terry)

La Administración es una ciencia social que persigue la satisfacción de objetivos institucionales por medio de una estructura y a través del esfuerzo humano coordinado. (José A. Fernández Arenas)

La Administración es el proceso cuyo objeto es la coordinación eficaz y eficiente de los recursos de un grupo social para lograr sus objetivos con la máxima productividad. (Lourdes Münch Galindo y José García Martínez)

La Administración es la gestión que desarrolla el talento humano para facilitar las tareas de un grupo de trabajadores dentro de una organización. Con el objetivo de cumplir las metas generales, tanto institucionales como personales, regularmente va de la mano con la aplicación de técnicas y principios del proceso administrativo, donde este toma un papel preponderante en su desarrollo óptimo y eficaz dentro de las organizaciones, lo que genera certidumbre en el accionar de las personas y en la aplicación de los diferentes modelos de dirección

En la era de la información, las empresas deben crear y desplegar cada vez más activos intangibles: por ejemplo, relaciones con los clientes; capacidades y conocimiento del empleado; tecnologías de información; y una cultura corporativa que aliente la motivación, la resolución de problemas y las mejoras generales de la organización, aunque los activos intangibles se han convertido en fuente importante de ventaja competitiva, no existían herramientas para describir el valor que pueden generar.

La dificultad principal es que el valor de los bienes intangibles depende de su contexto organizacional y la estrategia de la instancia a la que pertenecen Por ejemplo, una estrategia de ventas orientada hacia el crecimiento puede requerir conocimiento acerca de los clientes, capacitación adicional para los vendedores, nuevas bases de datos y sistemas de información, una diferente estructura de organización y un sistema de remuneraciones basado en incentivos. Invertir en solo uno de estos elementos, o en alguno de ellos aunque no en todos, haría que la estrategia fracase, el valor de un bien intangible, como la base de datos del cliente, no puede considerarse independientemente de los procesos de la organización que transformarán la empresa y otros activos, tanto tangibles como intangibles, en resultados financieros y de los clientes. El valor no reside en cualquier activo individual intangible. Surge de todo el conjunto de activos y de la estrategia que los une, es la ciencia social y técnica encargada de la planificación, organización, dirección y control de los recursos (humanos, financieros, materiales, tecnológicos, del conocimiento, etc.) de una organización, con el fin de obtener el máximo beneficio posible; mismo que puede ser: económico o social o de otra índole en función de los intereses de la organización, en. la administración pública o empresarial el administrador o gerente solo le preocupa que los protocolos, normas o programas se apliquen con toda exactitud, para estos administradores no hay flexibilidad porque no está en el programa, la administración tiene que establecer una metodología de acción para poder exigir resultados al personal, y de esa manera justificar su puesto ante la dirección o los accionistas de la empresa; El que dirige, piensa como obtener los mejores resultados del personal y de los recursos disponibles, porque existen diversos tipos de administración, cada uno de ellos tiene diferentes responsabilidades o compromisos, la misma tiene diferentes niveles.

6.2.- Alta dirección

Corresponde a los altos cargos de la empresa (Presidente, Director General). como los máximos responsables del cumplimiento de los objetivos, en los cuerpos de tropa es el generalato quien tiene esa responsabilidad.

Dirección intermedia

Directivos de fábrica, centro de trabajo o jefes de departamento, función que desempeñan los jefes en las filas castrenses quienes asumen principalmente funciones organizativas.

Dirección operativa

Encargada de asignar tareas y supervisar a los trabajadores en el proceso productivo (jefes de sección, división o equipo), la oficialidad y las clases se encargan de estas tareas en las fuerzas armadas.

6.3.- El Mando y sus funciones.

Básicamente el mando Planea, Organiza, Dirige, Coordina, supervisa, Evalúa.

Planificar. (Mapas estratégicos)

Prever todo lo que se va a llevar a cabo en las empresas establecer objetivos a corto mediano y largo plazo, organiza a su equipo, coordina las funciones y aplicación de procedimientos supervisar el desarrollo de las acciones, calcular costos económicos, de aspectos financieros, presupuestos y estadísticas, evaluación y replantear los proyectos corrigiendo las desviaciones, para efectos de efectividad y resultado,

6.4, Imagen y cualidades.

Los ejecutivos deben reunir algunas características o cualidades como son;

- Iniciativa y entusiasmo,
- Saber escuchar y saber comunicar.
- Usar los 6 principios.
- Saber adaptarse.
- Asumir riesgos
- Calidad de Líder
- Visión a futuro.
- Asertividad

6.5.- Control y Organización.

I. Reparto de funciones y responsabilidades uso de organigramas o de

Flujogramas.

II.- **Ejecución**:

Llevar a cabo lo planeado para alcanzar los objetivos programados.

III.- **Coordinación**.

Sincronizar aprovechando al máximo los recursos humanos y materiales.

6.6. Dirección.

La dirección es la actividad que desarrolla el ser humano al pretender que los que lo rodean adopten conductas específicas de acción para alcanzar un objetivo determinado, en este tenor se habla de estilos de dirección que se encuadra en 2 estilos de dirección:

Sistema unitario:

Establece un mando autoritario, basa su poder en su situación jerárquica privilegiada frente a los demás, establece relaciones claras de superioridad y subordinación.

Sistema cooperativo o participativo.

Los subordinados colaboran con los mandos en la toma de decisiones, el mando cooperativo basa su poder en su mayor conocimiento de los hechos o técnicas, la actuación de este líder se orienta más a coordinar opiniones y a aconsejar al grupo, que a mandar.

En la práctica se aceptan cuatro estilos de dirección,

Directivo;

Que decide que hacer, cuando, con quien y con qué, requisitos y exigencias.

De apoyo;

El mando tiene una verdadera preocupación por las necesidades y el bienestar de su equipo.

Participativo;

El mando estimula la participación los colaboradores de un clima que les permite a participar en la toma de decisiones.

Orientado al logro; Delega en las capacidades de los demás la consecución de los objetivos a través de diversos enfoques:

a.- La persona; Es decir, el líder concede a las personas su verdadero valor como parte de un equipo no como mero número, estadístico, lo que le da mayor importancia a la empresa como centro de trabajo.

b.- La producción; El líder da la máxima importancia al proceso productivo resaltando los aspectos los aspectos técnicos, procurando tecnificar a su grupo de trabajo, el siguiente escalón

c.- La motivación: Para que más ciudadanos en su entorno y en el de los compañeros se unan a esta tarea tan importante para la prevención de los efectos de los riesgos a que están expuestas las comunidades

El tomar este curso le va a permitir entender que su función no es solo la de ordenar y vigilar que se cumpla en tiempo y forma sino buscar que el personal que integra su equipo sea capaz de trabajar como un solo hombre hacia la meta programada, integrando lo que se comenta más adelante, su "Mente maestra" para trabajar en equipo, en búsqueda de la excelencia en cualquier actividad que realice rompiendo esquemas, aplicando nuevas dinámicas de acción, dando lo mejor de sí, Mando como atributo del poder es la capacidad de imponer las decisiones y deseos de quien ejerce el mando, sobre quien debe obedecer; el mando se integra por dos elementos el que manda y el que obedece, nadie tiene mando si no existe a quien mandar, en toda relación humana en la que alguien tenga la capacidad de decisión cualquiera que esta sea, existe una relación de mando, así sea entre: padre-hijos, esposo - esposa, maestro alumno, gobierno – gobernados, la capacidad de mando conlleva el recurso para coaccionar el que debe obedecer, de acuerdo a lo que dictan las leyes los convenios, los reglamentos o la costumbre aceptada. aunque no es lo mismo: mando impuesto, que disciplina aceptada, recordemos que las civilizaciones más importantes en la historia son las que la disciplina, no impuesta, sino aceptada, han sido parteaguas en la historia, y así tenemos: a Esparta en la que un niño prefiere que una rata le muerda en abdomen a ser acusado de ladrón, Tenochtitlan en la que era un honor morir en el Ara de Huitzilopochtli, o un Mayab en que una virgen ascendía con las diosas al morir ahogada en el cenote sagrado.

6. 7.- La Seguridad laboral.

Por muchos años en México el trabajador siempre aspiro a alcanzar la base en su empleo cualquiera que este fuera, de hecho en México y en muchas partes del mundo era un privilegio tener un empleo en el gobierno por la estabilidad laboral que esto representaba ya que los sindicatos representaban la seguridad para el afiliado, con la aparición de los sindicatos blancos o la artera destrucción de los principales grupos sindicales, el derecho a la base laboral dejo tener vigencia y de ser garantía para una estabilidad laboral que garantizaba

La Constitución de la República en su Artículo 123 [4] de hecho desde el origen de la anterior Ley laboral y en forma perversa los Constituyentes separaron a los trabajadores en dos categorías, en el apartado "A" a los trabajadores de la iniciativa privada y en el apartado "B" a los trabajadores al servicio del Estado y dentro de este apartado hicieron varias separaciones: Trabajadores de base, de confianza, con labores especiales, pero no mencionaron a los Servicios de Seguridad, Auxilio, Emergencia, Salvamento y Afines.[5] ¿Qué ocurre con este grupo de trabajadores?, del que no existe una estadística confiable y que a la vez es tan importante para garantizar la seguridad de los particulares y productividad de las instalaciones en las que están destacados o empleados, careciendo de personalidad Jurídica o Laboral definida, no son militares, eso está claro ¿paramilitares? ¿Son civiles con reglamento militar? ¿Los juzga el Código militar? ¿El Código civil? ¿Ambos códigos? ¿Ninguno?

¿Son trabajadores con plazas de mantenimiento e intendencia? ¿O como ocurre en la mayoría de los casos, ¿son alquilados a una empresa que irregularmente representa una fuerza de autoridad que no la tiene?[6] Uniformados como grupo representante de fuerza disuasiva.

y desde este punto de vista los cuerpos de seguridad surgen como una clase social que se ubica entre las dos grupos básicos por un lado los que tienen el poder, detentan los bienes y los que no tiene ni bienes ni poder, solo su fuerza de trabajo y su hambre de siglos;

6.8. La seguridad y los grupos sociales:

La estructura del capitalismo y la globalización a ultranza producto del T.L.C. divide a la sociedad en dos grupos antagónicos, separados por un sub grupo social representado por las fuerzas o cuerpos de seguridad y represión que asumen la función de protección a una minoría opulenta propietaria de los grandes capitales, bienes de producción y medios de comunicación, que usan los grupos de poder como mecanismos de control social, y el otro grupo que representa al grueso de la población formada por familias que intentan sobrevivir con el absurdo salario mínimo del obrero no calificado o como habitante del depauperado campo, creado una situación psico social altamente peligrosa cuyo resultado es la criminalidad y la violencia efecto de los grupos sociales marginados (W Chambliss 1975) reforzada por la presencia y aumento de la fuerza de los sistemas represivos. Al mismo tiempo el consumismo genera una falaz contradicción que la publicidad se encarga de promover motivando el consumo, resaltando las carencias motivando "El quiero tener," haciendo sentir las necesidades de los asalariados mediante la publicidad del consumo y el crédito sin límites, sin asegurar por la otra los medios materiales para satisfacerla, el empresario eleva los precios y finge que vende sin intereses bancarios, lo cual es falso porque desde antes ya calculo los intereses que debe ganar su capital, para lo cual se vale de varios mecanismos, uno es incrementar al máximo la rentabilidad de la mano de obra de una clase obrera esclavizada por el crédito, lo anterior es la garantía de un sistema cuyo objetivo: es el aumento a toda costa de las ganancias; a través de la acumulación de la plus valía de la mano de obra del trabajador, lo que genera los inevitables conflictos entre los "Poseedores" y los "desposeídos, alimentando el nivel de violencia efecto, que aqueja a nuestra sociedades, la obligación incumplida de los gobiernos de garantizar la seguridad pública, unida a la necesidad de la sociedad de auto protegerse abre una oportunidad para que militares retirados o con licencia, sin otros parámetros de referencia más que solo su formación trasladan su idea de organización castrense a los cuerpos civiles de seguridad pública, pretendiendo que deben ser militarizados, para sus fines personales; donde la Imposición de jerarquía, grado, uso de insignias son la imagen de poder y control de humanos a su mando como fuente de enriquecimiento.

6.9.- Toma de decisiones:

Los mapas estratégicos proporcionan dicha herramienta, les dan a los empleados una idea clara de cómo se relacionan sus trabajos con los objetivos generales de la organización, permitiéndoles trabajar en forma conjunta y coordinada para alcanzar las metas de una empresa, cuerpo de tropa, unidad comando, o gerencia empresarial, y lo mismo han servido para para alcanzar un nivel de desarrollo en una empresa como Mitsubishi que para planear la invasión a Normandía o para el S 19.

Los mapas proporcionan una representación visual de los objetivos fundamentales de una empresa y las relaciones cruciales entre aquellos que impulsan el desempeño de la organización.

Es un elemento base para la construcción del Cuadro de Mando Integral porque ayuda a interconectar las piezas que normalmente parecen incoordinadas en las organizaciones para adecuar el comportamiento de las personas a la estrategia programada.,

Los mapas estratégicos muestran los objetivos para el crecimiento de la facturación, de los mercados de clientes objetivo donde habrá un aumento de la rentabilidad; las proposiciones de valor, que llevarán a los clientes a realizar más negocios a márgenes más altos, el papel fundamental de la innovación y la excelencia de productos, servicios y procesos y las inversiones necesarias en las personas y los sistemas para generar y mantener el crecimiento proyectado.

Los mapas estratégicos muestran las relaciones costo-beneficio a través de las que las mejoras específicas generan resultados deseados, por ejemplo, cuánto más rápidamente se den los tiempos del ciclo de proceso y se cuente con las mejores capacidades del empleado aumentarán la retención de clientes y por lo tanto, los ingresos de una compañía, lo mismo que en una misión de rescate las acciones de cada uno de los elementos tiende a minimizar los tiempos y las reacciones de los ocupantes del área objetivo, garantizando dentro de lo posible la integridad de los elementos de la fuerza de reacción y el éxito de la misión.

En términos generales, los mapas estratégicos muestran como una organización transformará sus iniciativas y recursos, incluidos los bienes intangibles, como la cultura corporativa y el conocimiento del participante, en resultados medibles..

El mapa de estrategia es el eslabón que vincula la estrategia y táctica fundamental de la misma: con los objetivos, visión, misión, acción planeación, logística, probable resistencia, costos, con los resultados a obtener,

El mapa clarifica el panorama para que la estrategia fundamental y los resultados estén en consonancia.

Los Mapas Estratégicos son la innovación en management que más valor ha aportado a las organizaciones en los últimos años, ya que consiguen un reto que antes parecía imposible al transformar la estrategia de algo intangible en un elemento tangible. Constituye uno de los elementos básicos sobre los que se asienta el Sistema corporativo de negocios (BSC) La configuración del mismo no es fácil, requiere un análisis formal por parte de la dirección de los objetivos que se pretenden alcanzar con una estrategia y tácticas perfectamente definidas.

El proceso de configuración del mismo puede ser parecido en el esquema, pero es específico para cada unidad o empresa que lo configura, los elementos dependen de la creatividad del mando o dirección y del giro de la instancia que lo emplea, y de hecho, no expresan relación matemática alguna, no es algo determinista.

¿Qué es el cuadro de mando integral?,

Es en un sistema de indicadores sobre el nivel porcentual en el que se han alcanzado los objetivos propuestos contemplando cuatro propósitos.

1°. Facilita la ejecución de una estrategia planeada.

2°. Alinea objetivos y acciones con la estrategia global; de la organización.

3°. Garantiza el proceso de control estratégico mediante indicadores financieros y no financieros.

4°. Contribuye a la rendición de cuentas.

Ofrece la oportunidad a las entidades que lo implementen de crear plan estratégico de desarrollo,

2.- Reúne y ofrece información de control manera equilibrada de indicadores financieros y no financieros, no vinculados con objetivos estratégicos lo que da oportunidad de manejar cuatro perspectivas de ejecución de la estrategia programada.

6.10.- Modelo sistemático Toma de Decisiones Modelo.

Técnicas de Toma de Decisiones.

El Líder es el que dirige y toma decisiones, de lo acertado de las mismas será el futuro calidad e imagen que adquiera con su equipo, y la confianza de sus jefes o clientes, si se equivoca su duración como líder será efímera y de amarga memoria, todos los seres tienen necesidad de tomar decisiones a cada instante todos los días. desde los seres unicelulares, hasta los seres macros (desde el plancton hasta las ballenas) las decisiones van desde lo más simple hasta lo más abstracto o complejo; el ser humano toma decisiones fisio bio químicas inconscientemente desde antes de nacer y las sigue tomando en ese nivel toda su vida, este dormido o despierto, ya que dispone de mecanismos sensoriales que le generan arcos reflejos de respuesta con los responde a los estímulos del medio ambiente del antro materno y de las agresiones que vive durante el sueño si hemos de aceptar a los enterados que opinan que los fetos sueñan, si eso es realidad, no solo necesitan un simple proceso binario de sí o no, sino todo un mecanismo de respuesta y de toma de decisiones, desde si decide chupar su pulgar, hasta un poco más complejas ¿Cuál es la mejor hora para el despegue de la nave tripulada a la Luna?

6.11. La capacidad mental y la toma de decisiones:

Los seres desarrollan mecanismos específicos de acuerdo a la intensidad o tipo de estímulos para la toma de decisiones, llámense hámster, ofidios, aves, o humanos, cada una de ellos responde en forma particular a los motivación programada; En los laboratorios de comportamiento bio psico social donde se analiza el efecto de los estímulos sobre las respuestas y mecanismos de toma de decisiones de las diversas especies, a mayor complejidad o desarrollo de la corteza del cerebro, menor será el número de factores que deje de tomar en cuenta la especie en estudio en la toma de una decisión; Así el delfín es capaz de hacer actos que requieren un alto poder de integración de información, que los expertos afirman supera la capacidad de síntesis del ser humano.

6.12. Factores que rodean una decisión.

Al tomar una decisión es útil aplicar los conceptos de ingeniería de requisitos que es un área de investigación que busca definir:

a.- ¿Cuál es el producto o resultado que se quiere producir?

b. Que es lo que se necesita

c. En qué tiempo debe estar listo,

d. De qué recursos se dispone,

El partir de la aplicación del análisis de riesgos el producto o resultado va a quedar dentro de los parámetros de la excelencia lo que va a incrementar la imagen de su creador.

- Cada parámetro tiene su propio conjunto de pros y contras, alternativas efectos y riesgos si en una decisión hay carencia de información, **Incertidumbre;** Costos, duración tiempo efectos como van a reaccionar los involucrados y más,

Tomar una decisión exige, de acuerdo a los cuatro puntos anotados en el párrafo correspondiente:

En base al objetivo que desea o necesita lograr: defina tiempo, costo, recursos a emplear.

a.- Estudiar y analizar los efectos de todas las alternativas posibles

b.- Recabar toda la información posible para cada una de ellas

c.- Reúna a su equipo en grupos de 5-6, plantee el problema genere una tormenta de ideas y seleccione la que se apegue más a su necesidad o la más completa.

d.- Desarrollar una tabla de decisiones opciones.

e.- Seleccionar dos opciones la a. y la b.

f.- Revise los probables efectos.

h. Aplique su decisión y espere efectos o resultados.

6.13.- Técnica de la escalera.

Todo depende de donde este usted ubicado, si es usted un ejecutivo de bajo, medio, o alto nivel, su método o sistema de toma de decisiones va a ser o ya es diferente y seguramente siguió en su momento o sigue la técnica de la escalera en el que permitió progresivamente la participación de sus colaboradores para escuchar sus puntos de vista, pero si su nivel subió, usted erróneamente considero que tomar opinión de subalternos no era ya propio de su nivel y en ese momento se estancó su ascenso en la escala de poder, si afortunadamente sigue usando esa técnica, conviértala en una herramienta de poder, recuerde en toda pregunta bien hecha esta implícita la respuesta.

Aproveche la experiencia de los que le rodean cada uno de ellos aportara su punto de vista, probablemente encontrar muy interesante escuchar a aquel que le va a ofrecer ideas frescas diferentes, en un momento dado sálgase del cuadro, visualice otro ángulo de la cuestión, de hecho plantee la posibilidad de un punto de vista antagónico, va a ser una experiencia interesante enfrentar una idea opuesta a la inicial.

6.14.- Análisis de riesgos:

El análisis del riesgo es una disciplina orientada a aplicar el método científico a la evaluación de los efectos de las variables dependientes e independientes sobre los resultados de las acciones programadas, mediante la propuesta de aplicación de principios y soluciones potencialmente válidas y prácticas de aplicación realista.

A la fecha no es común encontrar organizaciones que utilicen rutinariamente métodos científicos para analizar y minimizar los riesgos de sus decisiones dentro de sus proyectos,

Robert Charette, (1989) Plantea tres premisas:

a.- El riesgo afecta a los futuros acontecimientos.

2ª. El riesgo implica cambios.

3ª. El riesgo conlleva incertidumbre lo que implica elección,

En la ingeniería del riesgo, los tres pilares de Charette se hacen evidentes. Las características de incertidumbre (acontecimiento que caracteriza al riesgo y que puede o no ocurrir) y de pérdida (si el riesgo se convierte en una realidad ocurrirán consecuencias no deseables o pérdidas).

6.15.- Categorías del riesgo,

a.- Riesgos del proyecto, amenazan el plan;

b.- Riesgos técnicos, amenazan la calidad y la planificación temporal;

c. Riesgos del negocio, amenazan la viabilidad del proyecto o del producto.

d. Riesgos predecibles (se extrapolan de la experiencia)

e. Riesgos conocidos los que se descubren en las evaluaciones.

f.- Riesgos impredecibles pueden ocurrir, pero es muy difícil identificarlos de antemano

A efecto de controlar los efectos de los riesgos potenciales en cualquiera de sus categorías, la propuesta es la aplicación de medidas de control de las que se enumeran algunas.

6 16.- Estrategias reactivas:

Se aplican para evaluar las consecuencias del efecto del riesgo, lo que pone en peligro toda la operación ya que no es una acción preventiva,

1.- Proactivas,

Que implica el análisis y evaluación previa y sistemática de las posibles consecuencias de los riesgos cualquiera que estos sean, al mismo tiempo que programan los planes de respuesta a contingencias para evitar y minimizar las consecuencias permite lograr un menor tiempo de reacción ante la aparición de riesgos impredecibles. Existen varias técnicas de autores reconocidos entre las que se mencionan:

2.- The Matrix Reframing:

Utiliza 4 P (Producto, la Planificación, el Potencial y las Personas), como base para reunir diferentes perspectivas acerca del problema.

Indagación Apreciativa:

Mira el problema sobre la base de lo que está "yendo a la derecha," en lugar de lo que está "pasando mal."

Organización de Ideas o diagramas de afinidad:

Aplicable después de la tormenta de ideas integrando los puntos de vista expuestos para organizar las ideas en temas y agrupaciones comunes.

3: Explorar las alternativas:

Cuando esté satisfecho de que tiene una buena selección de alternativas realistas, entonces usted tendrá que evaluar la viabilidad, los riesgos y las consecuencias de cada opción. A continuación, se discuten algunas de las herramientas analíticas más populares y más eficaces.

En la era de la información, las empresas deben crear y desplegar cada vez más activos intangibles: por ejemplo, relaciones con los clientes; capacidades y conocimiento del empleado; tecnologías de información; y una cultura corporativa qué aliente la motivación, la resolución de problemas y las mejoras generales de la organización. Aunque los activos intangibles se han convertido en fuente importante de ventaja competitiva, no existían herramientas para describir el valor que pueden generar, la dificultad principal es que el valor de los bienes intangibles depende de su contexto organizacional y la estrategia de la compañía, por ejemplo, una estrategia de ventas orientada hacia el crecimiento puede requerir conocimiento acerca de los clientes, capacitación adicional para los vendedores, nuevas bases de datos y sistemas de información, una diferente estructura de organización y un sistema de remuneraciones basado en incentivos. Invertir en solo uno de estos elementos, o en alguno de ellos aunque no en todos, haría que la estrategia fracase.

El valor de un bien intangible, como la base de datos del cliente, no puede considerarse independientemente de los procesos de la organización que transformarán la empresa y otros activos, tanto tangibles como intangibles, en resultados financieros y de los clientes. El valor no reside en cualquier activo individual intangible. Surge de todo el conjunto de activos y de la estrategia que los une.

Los mapas estratégicos proporcionan dicha herramienta. Les dan a los empleados una idea clara de cómo se relacionan sus trabajos con los objetivos generales de la organización, permitiéndoles trabajar en forma conjunta y coordinada para alcanzar los objetivos deseados de una compañía. Los mapas proporcionan una representación visual de los objetivos fundamentales de una empresa y las relaciones cruciales entre ellos que impulsan el desempeño de la organización.

Es un elemento base para la construcción del Cuadro de Mando Integral porque ayuda a interconectar las piezas que normalmente parecen descoordinadas en las organizaciones para adecuar el comportamiento de las personas a la estrategia empresarial, proporcionan una representación visual de los objetivos fundamentales de una empresa y las relaciones cruciales entre ellos que impulsan el desempeño de la organización.

Un Mapa estratégico es una representación gráfica y simplificada de la estrategia de una organización que le ayuda a saber qué es y a dónde ha de conducirse en el futuro, permiten entender la coherencia entre los objetivos estratégicos y visualizar de forma gráfica la estrategia. Permiten entender la coherencia entre los objetivos estratégicos y visualizar la estrategia de forma gráfica.

Los mapas estratégicos muestran los objetivos para el crecimiento de la facturación; de los mercados de clientes objetivo donde habrá un aumento de la rentabilidad; las proposiciones de valor que llevarán a los clientes a realizar más negocios a márgenes más altos; el papel fundamental de la innovación y la excelencia de productos, servicios y procesos y las inversiones necesarias en las personas y los sistemas para generar y mantener el crecimiento proyectado.

Los mapas estratégicos muestran las relaciones costo-efecto a través de las que las mejoras específicas generan resultados deseados, por ejemplo, cuánto más rápidamente se den los tiempos del ciclo de proceso y se cuente con las mejores capacidades del empleado aumentarán la retención de clientes y por lo tanto, los ingresos de una compañía, en términos generales, los mapas estratégicos muestran como una organización transformará sus iniciativas y recursos, incluidos los bienes tangibles, como la cultura corporativa y el conocimiento del empleado, en resultados tangibles.

El mapa de estrategia es el eslabón que vincula la estrategia fundamental de la misma (visión, misión y objetivos) con los resultados obtenidos. El mapa clarifica el panorama para que la estrategia fundamental y los resultados estén en consonancia

Los Mapas Estratégicos son la innovación en management que más valor ha aportado a las organizaciones en los últimos años, ya que consiguen un reto que antes parecía imposible al transformar la estrategia de algo intangible en un elemento tangible.

Constituye uno de los elementos básicos sobre los que se asienta el BSC. La configuración del mismo no es fácil, requiere un buen análisis por parte de la dirección de los objetivos que se pretenden alcanzar y que, verdaderamente, están en sintonía con la estrategia.

El proceso de configuración del mismo no es idéntico en todas las empresas, mantiene un componente de esfuerzo y creatividad muy importantes y, de hecho, no expresan relación matemática alguna, no es algo determinista.

4.-Seis Sombreros para Pensar.

El número es lo de menos lo importante es que el punto a valorar sea revisado por varias personas para que cada una de ellas proponga una o varias soluciones y posteriormente se aplica un diagrama de afinidad, un análisis de impacto y una validación posterior en la que se revisa la suficiencia de los recursos así mismo el costo beneficio o viabilidad financiera del proyecto, junto con un análisis del campo de fuerza, esto es a que competencia se va a enfrentar, lo que sigue es seleccionar la mejor alternativa, para lo que puede aplicar el análisis de cuadricula o matriz de decisión,

a.- **Análisis de comparación por parejas.**

Para determinar la importancia relativa de los diversos factores, esto le ayuda a comparar a diferencia de los factores y decidir cuáles deben llevar el mayor peso en su decisión.

b.- Árboles de decisión

Son también útiles en la elección entre las opciones, estos le ayudarán a sentar las diferentes opciones abiertas para usted y llevar las posibilidades de éxito o fracaso del proyecto en el proceso de toma de decisiones. Para las decisiones de grupo, hay algunos excelentes métodos de evaluación disponibles, cuando los criterios de decisión son subjetivos y es crítico que usted obtenga el consenso, puede utilizar técnicas como la

c.- Técnica de Grupo Nominal y Multi-votación .

Estos métodos ayudan a un grupo de acuerdo sobre las prioridades, por ejemplo, para que puedan asignar recursos y fondos.

d.- Técnica Delphi.

Usa múltiples ciclos de debate escrito anónimo y argumento, gestionados por un facilitador, los participantes en el proceso no se encuentran, y a veces ni siquiera saben quién más está involucrado, el facilitador controla el proceso y gestiona el flujo y la organización de la información, esto es útil cuando usted tiene que traer las opiniones de diferentes expertos en el proceso de toma de decisiones, es particularmente útil cuando algunos de estos expertos no se llevan.

Pasó 5: Revise su Decisión:

Con todo el esfuerzo y trabajo que se dedica a la evaluación de alternativas, y decidir el mejor camino a seguir, es fácil olvidarse de sus limitaciones de tiempo recursos o capital Aquí es donde se observa la decisión que está a punto de hacer desapasionadamente, para asegurarse de que el proceso ha sido a fondo y para garantizar que los errores comunes no se han introducido en el proceso de toma de decisiones.

Después de todo, todos podemos ver ahora las consecuencias catastróficas que el exceso de confianza, pensamiento de grupo, y otros errores de la toma de decisiones han obrado en la economía mundial.

La primera parte de este paso es intuitiva, lo que implica silencio y pruebas metódicamente los supuestos y las decisiones que usted ha hecho en contra de su propia experiencia, y revisar y explorar a fondo todas las dudas que pueda tener.

Una segunda parte implica el uso de una técnica como

Análisis Blindspot.

Para revisar si los problemas de toma de decisiones comunes, como el exceso de confianza, la escalada de compromiso, o

Pensamiento de grupo.

Pueden haber socavado el proceso de toma de decisiones.

Una tercera parte implica el uso de una técnica como la,

Escalera de las inferencias.

Para comprobar a través de la estructura lógica de la decisión, con el fin de asegurar que una decisión bien fundada y coherente surge al final del proceso de toma de decisiones.

6:- Comunicar su decisión y pasar a la acción.

Una vez que haya tomado la decisión, es importante explicar a los afectados por el mismo y que participan en su aplicación, hable acerca de por qué eligió la alternativa que tomo. Cuanta más información proporcione sobre los riesgos y los beneficios previstos, las personas son más propensas a apoyar la decisión.

Y con respecto a la aplicación de su decisión, puede apoyarse en dos temas,

Gestión de Proyectos y **Gestión de Cambios** que le ayudarán a obtener un buen comienzo.

Puntos clave

Un proceso de toma de decisiones organizado con análisis sistemático de información prioridades por lo general conduce a mejores decisiones, sin un proceso bien definido, corre el riesgo de tomar decisiones, muchas variables afectan el impacto final de su decisión, sin embargo, si estableció bases sólidas para la toma de decisiones, genero buenas alternativas, evalúo estas alternativas con rigor y luego reviso su proceso de toma de decisiones, mejorará la calidad de su resultado final.

CAPÍTULO 7

Mente maestra.

Equipo" del Escandinavo Squip. Acción de equipar un barco

Resumen:

En este capítulo se plantea la necesidad de los directores de área de integrar un equipo con personal altamente calificado y confiable, imbuido de la mística que anima la mente de la dirección, cualquiera que sea la actividad a la que se dedique, solo debe satisfacerle la excelencia como equipo: con la dirección, sin la dirección y a pesar de la dirección, debe ser siempre una mente maestra. La meta es alcanzar la excelencia.

Debe ser siempre una mente maestra. Usted es el centro de su equipo, sea el mejor No seleccione a los mejores, escoja solo a los excelentes

(Rodéese de expertos en el tema, si hay alguien más calificado delegue y apoye; la responsabilidad es de usted, pero ellos son los que saben.

Capítulo7. INTEGRE SU MENTE MAESTRA.
(Trabajo en equipo)

7.1. Definición:

Entendemos como equipo desde el punto de vista humano a conjunto de personas que se reúnen para realizan una tarea o cumplir una misión; supone también una obligada interacción programada y aceptada por cada uno de los involucrados para la realización de una tarea en común;

7.2. Trabajar en equipo

implica la existencia de una convocatoria explícita generadora de un objetivo integral que una o une a un grupo de personas comprometidas con vocación de trabajar en forma asertiva para una finalidad o una meta común con intereses motivaciones aglutinantes, es recomendable que la selección de su equipo sea por oposición curricular, incorporando a los que tengan mayor puntuación, curriculum y experiencia directa en su materia, delegue y apoye, haga sesiones de trabajo conjunto, no encasille al personal, dé absoluta libertad para formar ese indispensable equipo de trabajo. Siempre habrá frescura de ideas y propuestas de innovación. Existe multitud de técnicas aplicables, entre las que destacan los trabajos de W. Edwards Deming, Peter Drucker, La administración por Objetivos, Círculos de calidad, Teoría Z, Teoría Y muchas ideas más. No desautorice a nadie, reconozca el esfuerzo y premie la aportación, tómelos en cuenta, son seres humanos que viven y sienten. Será un equipo de alta calidad con consciencia de grupo y usted se estará comportándose como un líder de excelencia siempre.

7.3. Normas o cuotas de trabajo:

Su empresa debe estimular cero errores, que la dirección no pierda la mística que dio origen a su proyecto, hagan que la empresa para la que trabajan sea el mejor lugar para laborar, donde se tome en cuenta al trabajador como ser humano para que éste dé el cien por ciento de su capacidad, qué cada trabajador sea su propio supervisor de calidad por su pasión por la excelencia.

7.4. El nivel de calidad.

La calidad de su producto, cualquiera que este sea, la determina la calidad profesional de personal y la alcanza si el proceso es optimizado continuamente por la capacitación especializada permanente, manteniendo la inquietud por la excelencia en todo lo que hagan como grupo o como personas, elimine de su mente mediocridad del "ahí se va," y del "esto lo necesito en casa".

7.5. Convicción.

Siempre deben actuar con el pleno convencimiento de que sólo lo excelente satisface a su desarrollo como ser humano, la garantía de lealtad, permanencia y aportación de la experiencia del trabajador, depende de que las razones que motivaron su incorporación a ese equipo se satisfagan plenamente, a través de la interacción continua del grupo y su líder que les da la opción permanente para mejorar los procedimientos, aplicando ideas, procedimientos innovadores, con reconocimiento y respeto a la propiedad, es preciso considerar que los equipos están integrados por individualidades con sus propias características, esto es, debe reconocerse que no todos los miembros tienen los mismos competencias, niveles de compromiso, intereses, proyección, etc. por lo tanto, debe esperarse de los diferentes miembros aportes distintos, Un equipo de trabajo no adquiere un buen desempeño porque se halle integrado por buenos integrantes, sino más bien porque el líder logro que el conjunto de individualidades alcanzaran una vinculación de interacciones capaz de desplegar una dinámica colectiva que supera los aportes individual, así, en el equipo consolidado el todo es más que la suma de las partes, sus resultados son sustancialmente distintos a la simple sumatoria del aporte de cada miembro, un grupo humano solo va adquirir la calidad de mente maestra, cuando el líder sea capaz de inducir en cada uno de los integrantes el sentimiento de pertenencia y de identidad a algo valioso importante e irrepetible, generando una red de interacciones neuronales, con una dinámica colectiva con flexibilidad y agilidad cuya energía no se detiene, con la posibilidad de conformar una alternativa organizacional diferente a las estructuras jerárquicas. tradicionales integrando un equipo de alto desempeño con características que lo hacen capaz de llegar hasta donde usted lo quiera llevar, entre las más importantes es la de identificación y aceptación de valores fundamentales de su proyecto, con definición de metas, creatividad, tenacidad, flexibilidad, audacia para generar acciones alternativas, para enfrentar obstáculos y desafíos, reconociendo la razones ajenas negociando las diferencias de opinión, aprendiendo de experiencias, aceptando cambiar de estrategias y rumbos para alcanzar los fines programados, con tolerancia, solidaridad, y responsabilidad para cumplir compromisos, con audacia para alcanzar lo que se desea, aprovechar al máximo los recursos limitados, aprendiendo y transfiriendo conocimientos para alcanzar lo anterior, para ello se sugiere acepte la orientación del Maestro Erick Berne cuando menciona la comunicación de: "Adulto - Adulto; En un equipo no hay padres nutricios ni niños rebeldes, su organización es de adultos y solo se pueden y se deben comunicar de adulto a adulto, en un enfoque diferente de la personalidad, se puede ver a esta como compuesta por un conjunto de personalidades prototípicas o arquetípicas a la que podríamos llamar Sub personalidades o Yoes (No confundir con los estados del Yo en Análisis Transaccional, las Sub personalidades o Yoes, abarcan para cada caso los tres estados del Yo, en la nomenclatura de Análisis Transaccional. Quizás, en una primera instancia, este enfoque se asocie con el de circuitos de conducta, sin embargo la diferencia estriba en ver, a lo que denomino sub personalidades como entidades con cierta autonomía frente a la identidad general y además estas entidades, se independizan de la clasificación de los circuitos de conducta, ya que las mismas pueden ser al mismo tiempo adecuadas o inadecuadas en torno a cada objetivo en particular. En cada una de estas abstracciones se pretende reconocer con un nombre la personalidad o conjunto de personalidades respectivamente con la que nos identificamos y con las que actuamos en un lugar y momento particular

Así por ejemplo a la hora de enfrentar una· determinada situación pueden estar operando sub personalidades tales como la o él: aventurero, aguerrido, reflexivo, impulsivo, violento, temeroso, bloqueado, pasional, juguetón, cariñoso, comprensivo, incomprensivo, tolerante, intolerante, celoso, orgulloso, envidioso, provocador, chismoso, seductor, etc. con ejemplo de algunas sub personalidades que pueden están operando durante la presentación de una conferencia asimismo recuerde el humano vive a base de caricias

Una caricia según el Análisis Transaccional es el reconocimiento de la existencia de otra persona. Los seres humanos tenemos necesidad de ser reconocidos, valorados, apreciados y no ignorados (descalificados).

7.6 Responsabilidad

Usted como guía, líder o jefe de un grupo humano, en cualquier actividad, ya sean: Servicios de seguridad, emergencia, salvamento, rescate, atención pre. hospitalaria, o dirigiendo una investigación científica, dirigiendo una nación, perforando un pozo petrolero, o preparando un banquete, para alcanzar los resultados, está obligado a cambiar la mentalidad de todos sus colaboradores eliminando "El yo soy" y el "Yo hice" junto con el lucimiento individual por "El Somos" y "Lo logramos"; Lo que significa articular las actividades dispersas de cada uno de sus elementos en torno a un conjunto de fines metas y resultados a alcanzar. A través de una interdependencia en la que prevalezca la comunicación basada en relaciones de respeto y lealtad absoluta.*

7.7. Definición de metas y objetivos.

El trabajo en equipo valora la interacción, la colaboración y la solidaridad entre los miembros, recurriendo siempre a la negociación para llegar a acuerdos, eliminando conflictos; entre las personas, se centra en las metas y objetivos definidos en un clima de confianza y comunicación, donde los movimientos son de carácter sinérgico, donde el todo es mayor que la suma de las partes.

En síntesis, un equipo lo forman un conjunto de personas que deben alcanzar un objetivo común mediante acciones realizadas en colaboración pero recuerde, antes de proseguir resulta preciso efectuar dos advertencias.

7.8. Integrar un equipo y su relación con el análisis transaccional.

A.- No todo equipo de trabajo supone trabajo en equipo;

B. No todos los miembros del equipo tienen las mismas características

Ni actúan de la misma manera, aun cuando se actúe en el mismo espacio, programa o departamento o coincidiendo en el mismo tiempo, no se puede afirmar que se está trabajando en equipo, a un conjunto de personas que están comprometidas con una finalidad común o proyecto, mismo que sólo puede lograrse con el trabajo grupal de los participantes de las aportaciones y mejoras técnicas que ofrezcan, pero recuerde si esa unión no se refuerza con caricias positivas, intrascendentes o incluso negativas de acuerdo el perfil psicológico del elemento seguramente le va a costar mucho más trabajo obtener lo mejor de ellos.

Existe mucha investigación con respecto a la importancia de las caricias, desde el inicio de la vida de un ser humano, la falta de caricias puede producir graves alteraciones psico emocionales y orgánicas que pueden llevar no solamente a muchas enfermedades sino también a la muerte.

Según el análisis transaccional las caricias pueden ser expresadas de diferentes maneras;

Físicas: Un abrazo un golpe suave,

Gestuales: Un gesto amable. Sonreír, arrugar la frente.

Verbales: Una palabra o frase positiva.

Escrita: Una tarjeta una carta.

Negativas: Ignorar un llamado, contestar con una frase o palabra negativa.

7.9.- Selección de los integrantes:

El formar un equipo que responda a las necesidades de su proyecto al cien por ciento, exige ser muy selectivo, publique una convocatoria abierta donde anote las características y experiencia que usted requiera, fije una fecha y horario para la presentación, esté presente en la recepción de documentos, como un empleado más, hable personalmente con cada uno en forma casual, si le parece sin hacerse notar, escúchelos, obsérvelos, anote todas sus observaciones, como hablan, de que hablan, como visten, anote asertividad, modales, dicción, pregúnteles qué planes tienen para su futuro, que esperan de la vida, que opinande la empresa o proyecto, lo mejor es que la selección, sea por oposición curricular, incorporando solo a los que tengan mayor puntuación, curriculum y experiencia directa en su materia no seleccione a los mejores, escoja solo a los excelentes, ya tiene información de primera mano de los candidatos, anexe sus notas a la documentación de cada uno, evalúe todos los puntos y a los aceptados reúnalos, comente, con detalle que espera de ellos y ellos que pueden esperar de la empresa, explique que es una mente maestra, como funciona, que es una red de conocimiento, que significa excelencia y perfección, si alguien no está de acuerdo no lo presione agradezca el haberse presentado, y haga que le entreguen sus documentos.

Delegue y apoye.

Las teorías de la administración moderna desde las Teorías Z, Y hasta la Administración por Valores, proponen como procedimiento para obtener el máximo rendimiento de los recursos materiales y humanos recurrir al convencimiento y a la negociación.

Ei asignar una responsabilidad a un miembro de su equipo implica otorgarle un total apoyo para que esa responsabilidad se cumpla, si no apoya no puede pedir rendimiento de calidad, haga sesiones de trabajo conjunto, no encasille al personal, otórgueles absoluta libertad para formar ese indispensable equipo de trabajo y red de conocimientos, siempre habrá frescura de ideas y propuestas de innovación, existen multitud de técnicas aplicables, entre las que destacan Administración por valores, los trabajos de W. Edwards Deming, Peter Drucker, La administración por Objetivos, Círculos de calidad,

Teoría Z, Teoría Y, y muchas ideas más, si un miembro del equipo le presenta una idea reúna a los que saben del tema, dialogue con el proponente, pregunte ¿que lo motivo a sugerir esa idea? revise su punto de vista, la idea de los elevadores exteriores fue idea de personal de intendencia, un enfoque diferente al que tenemos puede ser la solución a una necesidad no prevista, no desautorice a nadie, reconozca el esfuerzo en público y premie la aportación, siempre tómelos en cuenta, son seres humanos que viven y sienten, refuerce la consciencia de grupo, será un equipo de alta calidad y usted se estará comportándose como un líder de excelencia siempre.

Rendimiento.

Si a usted le preocupa el aspecto tiempo de producción seguramente en la planeación no tomo en cuenta algún factor, tiempo, stock o recibo de materias primas, estado de la maquinaria, o cualquier otro aspecto relacionado, platique con el que lo presiona, sobre que a usted le preocupa la calidad final del producto de su cliente, ofrézcale entregas parciales para mantener la operación sin tener producto almacenado. ya que usted no va a entregar un producto deficiente por cumplir en tiempo, platique con su equipo, explique la situación sugiera un pequeño esfuerzo extra pero evite imponer normas o cuotas de trabajo, si aplica la política de controles obliga a que su equipo baje la calidad por cumplir en tiempo, no lo tolere, a toda costa su empresa debe estimular la tónica de cero errores lo que significa la perfección en todo, estimule siempre la calidad total, que la dirección no pierda la mística que dio origen a su proyecto, haga que la empresa para la que trabajan sea el mejor lugar para laborar, donde se tome en cuenta al trabajador como ser humano para que sin presiones de el cien por ciento de su capacidad.

Supervisión de calidad.

Si unimos cuotas de rendimiento, supervisores de calidad y control de tiempo con tarjetas de entrada y salida, estamos frente a una empresa con un futuro poco promisorio, elimine desde un principio la existencia de supervisiones, qué cada trabajador sea su propio supervisor de calidad por su pasión por la excelencia, el nivel de calidad la fija la calidad de su personal y la alcanza si el proceso es optimizado continuamente por la capacitación especializada permanente, manteniendo la inquietud por la excelencia en todo lo que hagan como grupo o como personas, elimine si es que en alguna mente de su equipo existe la mediocridad del "ahí se va," y del "esto lo necesito en casa" siempre deben actuar con la plena convicción de que sólo lo excelente satisface a su desarrollo como ser humano.

Los integrantes de una mente maestra son seres excepcionales no son seres que acepten la mediocridad, exigen un total y profundo respeto a su creatividad; la motivación para aceptar integrarse a su mente maestra se basa en la confianza mutua, comunicación fluida, sinceridad y respeto por las personas.

7.10.- Red interactiva de conocimientos.

En el momento en que se integra un grupo interactivo de excelencia casi automáticamente se forma una red de conocimiento misma que funciona como un sistema de neuronas interconectadas activas, es un sistema vivo cuya energía no se detiene y tiene la posibilidad de generar una alternativa organizacional a las estructuras jerárquicas, los diferentes equipos de trabajo pueden llegar a conformar una red que por sus características de flexibilidad y agilidad, se convierta en una alternativa a la organización burocrática vertical, el conjunto de equipos de trabajo permite reorganizar el flujo de poder y de acción con mayor interacción y comunicación, removiendo las prácticas y hábitos rutinarios poco eficaces, es un trabajo colaborativo que apunta a producir una potente red de relaciones e interacciones siempre y cuando se cuente con el respaldo de la dirección.

La garantía de lealtad, permanencia y aportación de la experiencia del trabajador, depende de que las razones que motivaron su incorporación a ese equipo se satisfagan a través de la interacción continua del grupo y usted, que es su líder les de la opción permanente para mejorar los procedimientos aplicando ideas, procedimientos innovadores, con reconocimiento y respeto a la propiedad intelectual de las aportaciones y mejoras técnicas que ofrezcan, no todos los miembros del equipo tienen las mismas competencias, niveles de compromiso, intereses, proyección, etc. por lo tanto, debe esperar aportes distintos, el desempeño de un equipo de trabajo se alcanza cuando las individualidades logran generar una red de interacciones dinámicas colectivas que supera los aportes individuales; en las que el todo es más que la suma de las partes;

Dinámicas y "Redes y rompecabezas"

CAPÍTULO 8

Los 6 principios básicos.

Resumen.

Los principios "El poder de la palabra", "Nunca diga si si no está seguro", "No personalice", "Defina sus metas", "Siempre haga un último esfuerzo, después del máximo realizado" son muy simples pero son básicos para cualquier mando su observancia le lleva de la mano a vivir dentro de la excelencia, en forma continua, junto con su familia, su personal y su entorno.

8.1. 1er. Principio.

El Poder de la Palabra[30]

Dentro de los dones maravillosos otorgados al ser humano, destaca el don de la palabra. El Lenguaje es una de las poderosas herramientas con que los eternos guardianes (¿Dioses Hiperbóreos?) Dotaron al ser humano; la palabra es el verbo y el verbo es el poder y el poder decreta; con todo lo que éste implica. Es la fuerza del espíritu que la mente y el pensamiento verbalizan en el entorno humano. La intención del emisor contenida en la palabra, la percibe el receptor, por el tono que escucha y le puede motivar al triunfo o desautorizarlo para siempre.

Por lo tanto nunca diga algo que signifique una ofensa, que pueda herir a su interlocutor o que signifique una orden psicológica ulterior negativa, como: "Tú no puedes", "Tú no sabes"; "No vas a poder", "Eres un tonto", "Eres desgarbado", "Eres un inútil". "Tú no oyes", "Eres un torpe", "Pero que mal te ves", etcétera. Cuando usted verbaliza un pensamiento de esta naturaleza le está haciendo al interlocutor niño o adulto una fijación, le está usted dando una orden a su subconsciente, que le va a obligar a actuar y a comportase de la manera y de la forma que usted le está decretando, ya que este poder crea y destruye según se use, de aquí la importancia de que el dicho de cualquier ser humano contenga solo decretos positivos, fundamentados en la verdad, la bondad y la belleza apoyados en la justicia y el honor, llevando como premisa, el jamás mentir a nadie, ni a usted mismo, sea libre siempre; no se encadene a una mentira.

"Podrá engañar a todos algunas veces, podrá engañar a algunos todas las veces, pero no podrá engañar a todos todas las veces".

No se justifique, acepte la responsabilidad de lo que diga y/o haga, todo lo que usted

> Nunca verbalice sus emociones negativas si verbaliza un pensamiento decreta su realización

diga o haga debe enaltecer su imagen, nunca actúe o diga algo que al regresar pueda significar un daño permanente, recuerde: a toda acción corresponde una reacción de igual magnitud pero de sentido contrario.

Hoy mañana y si empre; a partir del momento en que conoce el poder de la palabra, está obligado a tener sumo cuidado en su uso y aplicación.

El lenguaje es más peligroso que un arma de fuego en manos de un niño, las heridas emocionales no sanan nunca si se aceptan, en el entorno espiritual la palabra es la herramienta que le da el poder a la Macumba, el Mayombe la Santería, el Vudú, al Chamanismo, o la magia de todos colores, con los efectos que todos conocemos, ¿por qué tiene ese poder? Porque es la fuerza de la intención verbalizada.

Para romper ese tipo de decretos sólo tiene que usar el mismo poder, la misma fuerza del espíritu para decretar la desaparición del daño provocado. Usted que ya conoce la fuerza de la palabra, evite expresar inducciones negativas, Cámbielas conscientemente con todo el poder de su mente y convicción y expréselas positivamente con toda su asertividad. Usted está dando una orden a la mente de su interlocutor que debe quedar grabada en el espíritu, alma y yo. Orden que debe quedar registrada como pos hipnótica para ser ejecutada sin que intervenga el criterio, juicio o albedrío del que la recibe. Por esa razón siempre use el lenguaje para hacer crecer al que lo escucha, jamás para minimizar o criticar recuerde al proferir una desvalorización o improperio el que se minimiza y ofende es el que lo profiere, no el que lo escucha. A mayor tamaño de ofensa menor dimensión moral del que lo expresa.

Efecto del verbo sobre la materia.

En las culturas del antiguo Oriente y en América desde hace milenios y aún en la actualidad en este continente eran y son utilizados las mantras, plegarias, cánticos, y danzas con una intención predeterminada._El poder de la vibración de la voz humana es capaz desde hacer llover, crear, sanar y también destruir. Los chamanes[4] en los diversos continentes conocen este poder y lo emplean para realizar curaciones de toda índole, incluso para implantar órganos que aparecen de la nada. Así mismo cambiar el estado físico del medio ambiente y controlar los fenómenos atmosféricos. Los estudios realizados por físicos cuánticos comienzan a redescubrir y validar el enorme conocimiento olvidado de antiguas culturas ancestrales; investigadores rusos, reunieron a lingüistas y genetistas - en un estudio sin precedentes encontraron que el ADN[31] además de proporcionar la información para instrucción de los cuerpos físicos es el almacén de la información para la comunicación a toda escala de la biología. Los lingüistas rusos descubrieron que el código genético, especialmente en el 90%, que los investigadores americanos habían desechado como material inútil, sigue las mismas reglas de todos nuestros lenguajes humanos. Compararon las reglas de sintaxis (la forma en que se colocan juntas las palabras para formar frases y oraciones), la semántica (el estudio del significado del lenguaje) y las reglas gramaticales básicas, descubrieron que los alcalinos de nuestro ADN siguen una gramática regular y sí tienen reglas fijas, tal como nuestros idiomas. Por lo tanto, los lenguajes humanos no aparecieron coincidentemente, sino que son un reflejo de nuestro ADN inherente. El biofísico y

---

4   Grinberg Z. Jacobo Curaciones Chamánicas, Pachita el Milagro de México apendice I "La Teoría Sintergica Pg. 239-253 Biblioteca Fundamental año Cero vol,8 Ed. Red editorial Ibero americana, Bs As Arg. 1994,

biólogo molecular ruso **Piotr Garjajev** y sus colegas también exploraron el comportamiento vibratorio del ADN. "Los cromosomas vivos funcionan como computadoras solitónicas / /holográficas". Eso significa que uno simplemente puede usar palabras y oraciones del lenguaje humano para influir sobre el ADN o reprogramarlo. Los maestros espirituales y religiosos de la antigüedad han sabido, desde hace miles de años, que nuestro cuerpo se puede programar por medio del lenguaje, las palabras y el pensamiento. La sorpresa mayor fue descubrir la manera en que el 90% del ADN almacena la información, de acuerdo a estos estudios el ADN sólo guarda el sonido base de las letras cuando la mente pide un dato a la memoria el alfabeto se ordena en las secuencias que el dato exige y manda la información a la mente para que ésta la canalice al cerebro: aclaró Garjajev, esto nos lleva a considerar que la fuente del conocimiento esta no en la mente, no en el cerebro, sino en un archivo holográfico intracelular[5] o en algún lugar desconocido del cosmos, con el que el ADN estará en comunicación continua[33] descubrieron, – así mismo - que los alcalinos del ADN. Siguen una secuencia regular con reglas fijas igual que los idiomas, que no aparecieron coincidentemente, sino como imagen holográfica del ADN. El comportamiento vibratorio del ADN. Permite que "Los cromosomas vivos funcionen como computadoras solitónicas /holográficás"[6]

---

5 El Cristal liquido de la Dra. del Río.

6 Esto lo lograron usando la radiación láser del ADN endógeno. modulando ciertos patrones de frecuencia en un rayo láser y con él influenciaron la frecuencia del ADN y, de ese

El investigador Dan Winter, que desarrollara un programa de computación para estudiar las ondas sinusoidales que emite el corazón bajo respuestas emocionales, en una fase de la investigación con sus colegas, Fred Wolf y Carlos Suárez, analizó las vibraciones del lenguaje con un espectrograma, lo que descubrieron fue que los pictogramas que representan los símbolos del *alfabeto* se correspondían exactamente con la figura que conforma la longitud de onda del sonido de cada palabra, es decir que la forma de cada letra es la exacta figura que formaba dicha longitud de onda al ser vocalizada. También comprobaron que los símbolos que conforman el alfabeto son representaciones geométricas, las letras de los antiguos alfabetos son formas estructuradas de energía vibracional que proyectan fuerzas propias de la estructura geométrica de la creación, de esta manera, con el lenguaje se puede tanto crear como destruir.

El ser humano potencia el poder contenido en los alfabetos al sumarle el poder de su propia intención lo que nos convierte en responsables directos de los *procesos* creacionales o destructivos en la vida y con tan solo ¡la palabra!

La salud podría conservarse indefinidamente si nos orientamos en pensamientos, sentimientos,

---

modo, la información genética misma. Ya que la estructura básica de los pares alcalinos del ADN y del lenguaje (como se explicó anteriormente) son de la misma estructura y no se necesita ninguna decodificación del ADN.

emociones y palabras creativas, por sobre todo, bien intencionadas, los estudios del Instituto Heart Math nos abren un nuevo panorama hacia la curación, no sólo de los humanos enfermos, sino también para la sanación planetaria. El instituto cree en la existencia de lo que ellos dieron en llamar "híper-comunicación", una especie de red de Internet, bajo la cual todos los organismos vivos estarían conectados y comunicados permitiendo la existencia de la llamada "conciencia colectiva", el Hearth Math declara que si todos los seres humanos fuéramos conscientes de la existencia de esta matriz de comunicación entre los seres vivos, y trabajáramos en la unificación de pensamientos con objetivos mancomunados, seríamos capaces de logros impensados, como la reversión repentina de procesos climáticos adversos.

El poder de los mantras, oraciones y peticiones, tal como nos lo han legado los antiguos potenciado por millares de personas, nos otorgaría un poder que superaría al de cualquier potencia militar que quisiera imponernos su voluntad por la fuerza. Este poder ha sido demostrado en especies animales como los delfines, que trabajan unificados en objetivos comunes, los delfines utilizan patrones geométricos de híper-comunicación, ultrasonido y resonancias que les sirven para interactuar con las redes energéticas del planeta, poseen la capacidad de producir estructuras sónicas geométricas y armónicas bajo el agua. Podemos afirmar que los delfines ayudan más a mantener el equilibrio planetario de lo que lo hacen los humanos, urge alcanzar un nivel de conciencia determinado, para, ayudar a ser co-creadores de esta obra.

8.2. 2°. Principio.

Nunca diga sí, sí no está seguro.

En un campo de entrenamiento para pilotos el instructor les preguntaba a sus alumnos antes del vuelo de práctica, si el avión tenía combustible. El alumno que había revisado más de una vez la lista contestaba afirmativamente. El instructor le exigía le enseñara los dedos mojados de combustible del tanque del avión para confirmar que en efecto estaba reabastecido,

Una presunción o suposición puede llevar a multitud de situaciones no previstas; desde rupturas familiares, por presuntas infidelidades, falsas acusaciones por presuntos ilícitos. Las prisiones estén llenas de acusados circunstanciales, se dan pérdidas económicas importantes. Hecho muy frecuente en los juegos de azar, suicidios, por presunta incomprensión; incluso llevar a la muerte a muchas personas por error de pilotaje o lectura equivocada de instrumentos, una cifra o instrumento mal leído, o sólo porque alguien entendió mal una orden. Todo lo anterior nos hace reflexionar lo importante que es no aceptar de primera intención lo que parece ser sobre todo si representa un riesgo para alguien, o para nosotros mismos. De esta reflexión surge la recomendación formal: Si algo no es claro confirme lo que escucho, preferible que lo acuse de sordera a que alguien o algo sufra un daño irreparable. Recuerde no suponga ni presuponga.

Asegúrese, si no se hubiera dado "El creí que" no hubiera caído Tenochtitlan ni se recordara al Titanic por el número de víctimas ni la invasión a Normandía, no hubiera caído el muro de Berlín, ni la estepa ucraniana estaría contaminada y así hasta el infinito; Cuando usted escuche a alguien decir "Pensé que" "No creo" "Pueda ser" "A la mejor", "Yo creí" "Creo que oí", "Me pareció que" "Si Hubiera" Sólo está buscando minimizar errores, justificar el no hacer lo que debe, o lo que debía.

La aplicación de este principio, en su decálogo personal de conducta permanente le va a garantizar actuar con la asertividad propia de los seres de excelencia y de hacer y decir verticales, evitando el actuar o decir en función de una mera presunción o una información no confirmada.

8.3. 3°. Principio.:

No personalice ni haga las cosas personales.

Si usted está consciente de que cometió un error, una equivocación o expresó un juicio a la ligera. Si alguien de buena o mala fe se lo hace notar en público, reconózcalo y agradezca la corrección, ni siquiera intente justificarlo, no se le ocurra explicar porque lo cometió, no se escude en la mediocridad del que dice "Es qué" "Pensé que" si lo hace, lo único que denota es que no piensa ni tiene la calidad de líder de excelencia y que no enfrenta sus errores o equivocaciones; Todo lo que diga puede ser usado en su contra, enfrente, acepte, abierta, inteligente y dignamente, la crítica.

Es posible que aparezca en usted el resentimiento y el deseo de desquite, su calidad de líder no le permite acudir a esos expedientes, mucho menos pretenda acudir al recurso de la depresión, la autocompasión, al remordimiento, o pretenda ocultarse de los demás para no escuchar las críticas o los señalamientos. Si está seguro de que lo que escuchó se refiere específicamente a usted, acepte que el crítico al hablar sólo puede usar la información de que dispone y manejarla de buena o mala fe, según la intención que lo anime, puede hablar de lo que no sabe; revise si el comentario está fundado y de buena fe, ¿quién la hace? ¿Está informado? ¿Qué dio motivo a la crítica? su acción o inacción.

Al hacer ese comentario ¿afectó o se afectaron el interés de una persona, grupo o comunidad?, puede ser sólo una falta de información de alguna de las dos partes, si el comentario es real, de acuerdo con su interés o punto de vista, aplique las mejoras necesarias a su proyecto. NO justifique sus fallas, corrija e informe de las mejoras y agradezca la crítica al que observó la falla o posibilidad de mejora, ofrezca información, fundamente criterios, para que se opine y actúe con bases, o si él o los que critican saben mucho más del tema que usted, acepte el comentario, como un apoyo para crecer y mejorar, si es el caso convenza al (los) críticos para que se integre(n) a su mente maestra y que como colaborador(es) de usted aporten las mejorías necesarias al proyecto que se permitió criticar, por su parte revise en que puede mejorar y evalúe los resultados continuamente, con una recomendación fundamental en mente,: no se ofenda, si lo cuestionan, piense y actúe como adulto, no tome las cosas a pecho, crezca, dé ejemplo de madurez y de excelencia, escuche los consejos para corregir los errores. Si es capaz de fundamentar sus decisiones y corregir rumbos es un líder de excelencia

8.4. 4°. Principio:

Defina sus metas.

Se supone que todo el mundo sabe qué quiere y adónde va, pero ¿lo sabe verdaderamente? Revise su programa de vida de los próximos cinco años ¿o del próximo mes tal vez? ¿Seguro que tiene programadas sus acciones para la próxima semana? si es así !Felicidades! De no ser así urge que defina sus objetivos existenciales. Si usted va a construir una casa, fabricar un mueble o preparar un guiso, primero decide que quiere, como lo quiere, distribución, tamaño, cantidad, forma, materiales a emplear, costos, si lo que usted quiere lo planeó bien, a consciencia, no va haber fallas y tendrá lo que deseo. ¿Pero su vida? Ésta es más importante que cualquier otra cosa y requiere una planeación mucho más cuidadosa. ¿Se ha detenido un momento a planear qué quiere de la vida ¿ya tiene usted sus metas definidas?; para saber hasta dónde puede llegar, necesita saber ¿qué desea a futuro? ¿Cuáles son sus intereses? ¿De qué es capaz? Para ello tiene que revisar todo su potencial: dones, capacidades, habilidades, recursos y fundamentalmente definir cuáles son sus intereses, incluso si es posible consulte a un orientador para elaborar su profesiograma, no deseche ninguna opción o posibilidad, todas son válidas: ¿Ya definió y seleccionó la mejor opción? Su propuesta es trabajar en forma ordenada con la secuencia lógica y programada. Recuerde no hay atajos.

1. Defina qué desea, qué caminos va a seguir para conseguirlo,

2. A quién va a beneficiar,

3. Enliste los recursos qué necesita para lograr su objetivo: información, datos, materiales, cantidad, quien los tiene, espacios.

4. Analice los costos económicos, tiempo horas hombre, repercusiones sociales, costos políticos.

Después de este breve análisis ¿Está dispuesto a pagar el precio? ¿a qué quiere llegar?, tiempo a emplear, costo horas hombre, camino que va a seguir, ¿en verdad eso es lo que quiere? Si es así, adelante, que nada lo detenga, no permita que nada le impida llegar a donde quiere.

8.5. 5º. Principio

Siempre, haga un ultimo esfuerzo después del máximo realizado.

No regatee sus capacidades, ni conocimientos, no escatime experiencias, libere su potencial

No se limite en acción, esfuerzo, no se escatime, sea liberar consigo mismo, cuando enfrente un obstáculo mírelo como un escalón más para llegar a su meta; Un monje que quedó encerrado en una caverna con su maestro por un derrumbe, después de muchos esfuerzos se da por vencido y le dice a su maestro; "He dado mil golpes a la roca y no se rompe, estamos atrapados, vamos a morir el maestro le pregunta: "¿Cuántos golpes has dado? Mil, maestro, no podemos salir -Da uno más- le dice el maestro, maestro he dado mil. -Da uno más-, insiste el maestro; el postulante golpea de nuevo la roca y ésta se parte dejándoles salir."

Recuerde, los límites están en su mente y nada más ahí; y nadie los puso más que usted, Use su potencial en todos sus niveles: anímico[7], cerebral, cultural, espiritual, familiar, físico, Instrucciónal, mental, psicológico, etc. en una palabra tiene todo y mucho más de lo necesario para ser un triunfador, nada lo puede detener más que usted mismo.

¡Acéptelo!

Para los seres excepcionales como usted, no hay límites ni estacas ni barreras mentales, los obstáculos solo son escalones para llegar más alto. Pueden darse un respiro, pero no claudican, usan todos los recursos aun los más atrevidos y extraños, lo que importa es lograr la meta; dentro del respeto así mismo y a los que le rodean, ya que de ello depende frecuentemente el bienestar de muchos;

La mística existencial de los seres de excelencia es la aplicación de los principios básicos que dan cuerpo a la misma.

A.- Usted es el que toma las decisiones, ponga a funcionar su mente maestra; todo mundo conoce un millón de razones de por qué no se pueden hacer las cosas, invite a colaborar al que le ofrezca un "Se puede hacer".

B. Los problemas no son difíciles, lo complicado es encontrar soluciones idóneas divida el problema en las más partes en que sea

---

7   En orden alfabético no por orden de importancia

posible y ubique los puntos positivos de la situación; trabaje inicialmente en ellos, sus proyectos deben estar orientadas al beneficio de su familia o de su comunidad, en el presente o para el futuro. No son para su beneficio personal y normalmente los anima el espíritu de triunfo, para usted, lo mismo que para ellos -"Él no se puede" o "El mañana lo hago" "Es muy difícil" "Hasta aquí llegue" No existen, Edison repitió más de mil veces su experimento para encontrar el filamento incandescente de la bombilla eléctrica; y el sistema para obtener energía eléctrica y su forma de distribuirla es el que se sigue usando.

C. Proyecte un plan de acción escalonado (cronograma) con todos que puedan aportar algo a la solución y asigne responsabilidades parciales. Invítelos a aplicar las técnicas de los círculos de calidad, la Teoría Z o aplique la Dirección por Valores.

D. Relájese y mantenga relajados a sus colaboradores, no presione, a más presión menos rendimiento, a menos presión más calidad, mantenga un colchón de tiempo para los imprevistos y la revisión final.

E. No invente supervisiones, deje que cada colaborador sea su propio supervisor, invite a los colaboradores a que presenten aportaciones que sólo sean totalmente satisfactorias para ellos mismos.

F. Si cada aportación es impecable, el todo es impecable.

G. La programación secuencial lleva a soluciones programadas en tiempo y forma, no se angustie pero no se duerma, recuerde las soluciones no son para mañana, eran para ayer.

H. Haga caso de la intuición, deje que la mente maestra aporte todos sus recursos.

I.- Aplique la ley de los semejantes o atracción por simpatía, visualice lo que necesita,

> Jamás mienta a nadie ni a usted mismo, sea siempre veraz, El poder crea y destruye según se use.

completo, tamaño, color, forma, densidad, dele tiempo a la gestación y a la integración ¡¡Por favor!! ¡¡No dude!! si duda retarda la acción de la Ley de atracción por simpatía, permita que su poder psicotrónico actúe en su beneficio, no la bloquee con la pregunta del que no confía en su capacidad, en el momento en que se cuestiona ¿será posible? Frena la acción de su mente porque esta frena los enlaces binarios de comunicación con la mente universal.

EL "NO SE PUEDE", NO DEBE EXITIR E N SU VOCABULARIO.

Vuelva a releer los párrafos anteriores, concédase un minuto de reflexión y hágase la pregunta fundamental. ¿Está usted dispuesto a no darse por vencido, aunque todos digan que no se puede realizar? En la filosofía de la excelencia se dice "Si no puede resolverlo asuma el control y hágalo excelente".

8.6. 6°. Principio: Sea asertivo.

La asertividad se define como: "la habilidad de expresar nuestros deseos de una manera amable, franca, abierta, directa y adecuada, Está en el tercer vértice de un triángulo en el que los otros dos son la pasividad y la agresividad. Elimine fijaciones socioculturales, y figuras lingüísticas que son contaminantes históricos provocados por la memoria ancestral de sumisión derivada de más de trecientos años de dominación. La destrucción de la cultura y del marco socio filosófico propio de la nación Tenochca y que a la fecha todavía se imponen en el lenguaje diario entre trabajador y empresario, interfiriendo y evitando que el humano se comunique en forma sana, abierta y que exprese sus deseos en forma definida y sacudiendo la timidez, la suavidad y el "dispénseme usted" o "con su permisito" siendo incapaz de expresar su pensamiento en forma concreta sin darle vuelta y yendo al grano. Una cosa es, si se ofende involuntariamente es muy de -Ser de Excelencia-, el ofrecer una formal disculpa o una satisfacción al agredido, sin que eso suene a lacayismo o servilismo, muy al contrario es de gentes el reconocer que se cometió un error inconsciente; al respecto partimos de:

1° Identificar las situaciones en las cuales queremos ser más asertivos, buscando ser lo más positivos posibles en la comunicación con el entorno eliminando las facetas agresivas o de prepotencia, apoyándonos en la autocrítica y respeto mutuo en situaciones de conflicto.

2. Se trata de identificar y hacer un plan por escrito para afrontar la conducta de forma

asertiva en qué situaciones fallamos y cómo deberíamos actuar en un futuro. Analizar el grado en que nuestra respuesta a las situaciones problemáticas puede hacer que el resultado sea positivo o negativo.

3º.- Desarrollo de lenguaje corporal adecuado. Se dan una serie de pautas de comportamiento en cuanto a lenguaje no verbal (la mirada, el tono de voz, la postura, etc.), y se dan las oportunas indicaciones para que la persona ensaye ante un espejo; Entre otras cosas anote:

El derecho a hacer respetar los derechos personales sin agredir a los de terceros, a cambiar de opinión sin esperar el permiso de los demás, a ser tratado con respeto y dignidad expresando sus emociones y sentimientos, pidiendo reciprocidad, siendo feliz. Diga no cuando quiera decir no, sin sentir culpa, por no hacer lo que no se desea aunque los demás lo pidan, estableciendo prioridades y pedir lo que desee, tomando decisiones, usando sus derechos y su privacidad Ignorando la crítica o aprobación de los demás, sin permitir que alguien abuse de nadie, reclamando lo justo y legítimo, reclamando la violación de los derechos propios o ajenos, eliminando el miedo, la angustia y la inseguridad en la vida de relación, defendiendo sus principios por encima de los demás vaya directo; al grano, sin vueltas que confundan, sea Positivo toda idea puede ser expresada evitando lo negativo. Nunca de motivo a que se piense que se busca ventaja, busque el momento apropiado y con el lenguaje adecuado. Un buen momento para una petición es después de comer, controlando sus emociones, evite las explosiones emocionales.

Escuche con mucha atención a su interlocutor, para conocer sus motivaciones evite el enganche del padre crítico al niño sumiso, siempre manteniendo el diálogo de adulto a adulto. Todo interlocutor es igual a otro sin importar qué escala social ocupe. Dentro de los seis principios anotados en párrafos anteriores anotamos la verticalidad en el lenguaje, esto implica dentro de la asertividad el "No mentir nunca" ni a usted mismo; con un profundo respeto a sí mismo y hacia los demás, esto es, si quiere decir o hacer algo hágalo o dígalo sin racionalizar ni justificar por qué no hacerlo, si no va en contra del derecho o la intimidad de alguien, dígalo y hágalo aquí y ahora, todo lo anterior sin llegar a la agresión o a la violencia verbal, evitando a toda costa el dar pie a un pensamiento de frustración de: "Si lo hubiera hecho", "Si le hubiera dicho". ¿"Por qué no lo pedí"? La comunicación formal es la forma más segura de aplicar la asertividad.

CAPÍTULO 9

Análisis de riesgos y corresponsabilidad institucional.

Resumen:

Los mando de los cuerpos de seguridad, auxilio salvamento rescate y fines de cada área de operaciones, en función de su perfil especifico de responsabilidad institucional, empresarial, objetivos estratégico, deben realizar un análisis de riesgos activos o potenciales y un proyecto de administración, de los mismos, para la Dirección General con una lista de las amenazas y niveles de riesgos cíclicos o fortuitos detectados a que está expuesta su instalación, área, personal y actividades, así como las soluciones programadas incluyendo la capacitación, entrenamiento y equipamiento qué requiere la población fija y en especial los integrantes de la brigada interna de protección civil, haciendo énfasis de los riesgos a que están expuestos el personal de seguridad y los brigadistas y tanto de índole jurídica por acciones u omisiones realizados o no durante la labor ordenada, como leves o graves problemas de salud que le pueden llevar hasta la incapacidad total permanente, o la muerte.

9.1.- Análisis de riesgos físicos.

Por orden de frecuencia:

Lesiones o muerte por proyectil de arma de fuego.

Lesiones por arma blanca.

Contusiones y heridas por caídas, accidentes o cualquier tipo de agente agresor contundente.

Quemaduras e intoxicaciones.

Contaminaciones por diversos agresores biológicos o vectores infectantes.

9.1.1.- Enfermedades:

Oftalmológicas

Otorrinolaringológicas

- Dermatológicas
- Gástricas,
- Bronquiales,
- Hipertensión. Arterial.
- insuficiencia vascular periférica.
- Luxaciones y fracturas intervertebrales,

Enfermedades mentales.

Psicosis.
Neurosis.
Alcoholismo
Drogadicción

9.1.2.- Trastornos de la personalidad.

Disminución de la autocrítica- y de los Valores.
incomunicación.
Disociación de la personalidad.

9.1.3.- Psicopatológicas familiares.

Familias Disfuncionales
Disolución del Vínculo Familiar.
Deserción escolar y desadaptación, social de los hijos
Alto índice de divorcio
Infidelidad conyugal
Alto índice de suicidios.

9.1.4.-Problemas legales.

Abandono de persona
Abuso de autoridad
Abuso sexual
Agresión, prepotencia
Amenazas.
Asociación delictuosa.
Homicidio con agravantes -Lesiones. o imprudenciales –
Portación de arma prohibida
Responsabilidad oficial
Robo.
Secuestro.
Usurpación de funciones.
Violación.
.-y los que resulten,

** Fuente:

Esta relación es la suma de opiniones y diagnósticos acumulados por los médicos del E.S.U.R.A. E.R.U.M. Durante más de 30 años de servicios de atención pre hospitalarios a los elementos de los servicios de seguridad y auxilio;

Es común que pierdan la vida antes de que se les puedan brindar las primeras atenciones pre hospitalarias: Si tienen suerte después de una recuperación tórpida y después de muchas cirugías (Hay casos de 17 intervenciones) llegar a la discapacidad permanente como secuela de sus heridas o al suicidio al no poder superar la problemática bio Psico socio familiar generados por el stress de su vida laboral. En otros casos lo ahogan las deudas adquiridas para pago de gastos de abogados por juicios en su contra por acusaciones por presunta negligencia en la atención de pacientes en la vía pública.

El Escuadrón de rescate y urgencias médicas en el responsable oficial aunque no legal de la atención pre hospitalaria a la población vulnerada por algún agente agresor antropogénico o natural. Lo que requiere contar con un personal especializados en desastres, a la fecha su personal egresado del instituto técnico de formación policial tiene formación policial no de técnico especializado en control de desastres, tema del siguiente capítulo de este texto, lo cual deja a la ciudad en manos de grupos privados o voluntarios. No organizados como fuerza de atención programada. El siguiente capítulo retoma el listado de riesgos y amenazas cíclicas y rutinarias que vive nuestro territorio reparado muy cuidadosamente por el Centro de prevención de desastres de la Secretaria de Gobernación y la Universidad Nacional autónoma de México.

9.2.- Catalogo de riesgos de la ciudad de México[1]

. a la fecha en todas las latitudes los riesgos son los mismos.

I. Riesgos Hidro meteorológicos.

a).- Ciclón tropical

b).- Contaminación atmosférica y vientos

c.). Erosión

d).- Huracanes

e).- Inversión térmica

d).-. Inundaciones

e).-. Sequías, desertificación

f).- Temperaturas extremas

g).- Tornados

h.- Tormenta de granizo y nevadas

II.- Riesgos hidráulicos:

Ruptura de ductos de Agua Potable. - -
Ruptura de ductos de Aguas Negras.

Desborde de ríos y vasos reguladores

III.- Geológicos.

Vulcanismo. ***
Desgajamiento de cerros.
Lahares.
Hundimientos de terreno.
Movimiento de grietas geológicas.
Sismos por movimientos de placas tectónicas.

IV. Riesgos Químicos y radiológicos: Incendios y Explosiones.

a).- Fuentes de peligro.

b).- Transportación.

c).- Residuos industriales.

d).- Contaminación atmosférica, e mantos freáticos, aguas

V.- Riesgos de transporte:

Accidentes aéreos sobre zonas urbanas o sub. urbanas

Accidentes en el Sistema de Transporte colectivo.

Paros en el Sistema de Transporte de Superficie (R. T. P.) (G. T.)

Accidentes automovilísticos

Accidentes ferroviarios.

VI.- Riesgos de explosiones (por o en)

Fábricas y depósitos de explosivos y productos químicos.

Depósitos y combustibles reservas de substancias peligrosas y a cielo abierto.

Depósitos y reservas logísticas en zonas urbanas

Transformadores y sub.- estaciones eléctricas.

Ductos de hidrocarburos líquidos o gas combustible.

VII.- Alteraciones masivas de salud:

Riesgos de intoxicaciones. por alimentos y agua contaminados.

Por Biológicos programados; o por fallas en el control.

Por Emisión de productos químicos al medio ambiente, al drenaje con contaminación de los mantos Freáticos.

Por Radiaciones.

Por dispersión de Vectores.

Por Fauna nociva fuera de control.

Epidemias

VIII.-Socios organizativos. (antropogénicos).

Explosión demográfica.

Disturbios sociales.

Por falta de Energéticos:

Por Fallas en la energía eléctrica (apagones)

Por Escasez de combustible fallas en la Distribución.

Sabotaje, Terrorismo: (En cualquiera de sus diversas Modalidades, Incluyendo

Bioterrorismo) Acciones bélicas. Abiertas, encubiertas,

Drogadicción en todas sus modalidades

a) Transporte.

b) Sistemas vitales.

c) Concentraciones masivas de población.

VI. Microzonificación del Riesgo.

Técnica definir tipos y niveles de riesgo por área.

. Fallas humana...

****Merece especial atención, por el número de conos volcánicos en la periferia de la Ciudad de México. aprox. i4 con grandes posibilidades de que entren en actividad además del Volcán Popocatépetl.

A estos riesgos es a los que se debe enfrentar el personal de los servicios de Seguridad, Auxilio, Salvamento. Rescate para lo que debe prepararse contemplando que es una de las ciudades más grandes del mundo y que está en el camino de la falla de San Andrés y la confluencia de las placas tectónicas como. La Placa Continental, la Placa de Rivera, la Placa de Cocos.

En respuesta a los riesgos enlistados, el siguiente capítulo plasma la calidad y responsabilidad legal de los mecanismos de respuesta implementados En otro espacio mencionamos las manifestaciones de los riesgos, en forma más amplia.-

1 Programa especial de Mitigación del riesgo de desastre Pg. 31-41 Centro Nacional de prevención de desastres 2001- 2006 Sistema Nacional de Protección civil Ed. Secretaria de Gobernación.. México 2005.

9.3. CONTROL DE ZONAS DE DESASTRE.

Corresponsabilidad de la estructura institucional en el subprograma de prevención

fenomenos	Geolo gicos	Hydro Meteo rologioo gicos	Quimicos	Sanitarios	Socfo-organizat1vos
Dependencies y organisms					
Sg	*	*	*	*	X
Sre	0	0	0	0	0
Sedena	0	0	0	0	0
Sedemar	0	0	0	0	0
Shcp	0	0	0	0	0
Secodam	X				
Sedesol	X	0	0	X	0
Semarnap	0	X	X	X	

Se	0		X	0	
Secofi			X	0	
Sagdr	0	0		0	
Sct	0		X		X
Sep	0	0	0	0	0
Ssa	0	0	0	X	
Stps			X	0	0
Sra	0	0	0	0	0
Sectur	0	0	0	0	0
Pemex	0	0	0	0	0
Cfe	0	0	0	0	
Imp			0	0	
Can		X		0	
Asa	0	0		0	0
Imss				0	
Issste				0	
Fnm	0	0	0	0	0
Unam	0	0	0	0	0
Aniq				0	
Crm	0	0	0	0	0
Canacintra	0	0	0	0	0
Cnirt	0	0	0	0	0
Fmre	0	0	0	0	0

Claves: * coordinador   x coordinador   o
Corresponsables   ejecutivo   técnico   **Cuadro 2**

Corresponsabilidad de la estructura institucional en el subprograma de auxilio.

Funciones	Alertamient	Evaluación de daños	Planes de emergencia	Coord. de emergencia	Seguridad	Búsqued salvamento y asistencia	Serv. Estrateg. Equipamiento y bienes	Salud	Aprovisiona miento	Comunicació social de emergencia
Dependencias organismos										
Sg (C.N.O)	* X	* X	* X	*x o	*x	*	*	*	*	*
Sre			0	0						
Sedena	0	0	0	0	X	X	0	0	0	
Sedemar	0	0	0	0	X	X	0	0	0	
Shcp		0	0	0						
Sedesol		0	0	0		0	0		X	
Semarnap		0	0	0		0	0			
Se		0	0	0		0	0			
Secofi		0	0	0			0		X	
Sagdr		0	0	0						
Sct	0	0	0	0	0	0	0			0
Secodam		0	0	0			0			
Sep		0	0	0		0	0	X	0	
Ssa		0	0	0			0	0		
Sectur			0			0	0			
Pgr			0	0	0	0				
Imss		0	0			0		0	0	
Issste		0	0			0		0	0	
Diconsa			0	0					X	
Cna	0	0	0			0	0			
Pemex		0	0	0		0	0			
Cfe		0	0			0	0			
Dif			0			0		0	0	
Asa			0				0			
Fnm			0			0	0			
Unam	0		0			0		0		0
Telmex			0				0			0
Aniq	0		0	0						
Crm	0	0	0	0		0		0	0	0
Canacintra	0		0							0
CNIRT	0									0

CAPÍTULO 10

Responsabilidad de los mandos en el manejo de incidentes químicos.

Resumen:

Este capítulo expone las conductas básicas de las unidades y personal respondiente ante un evento donde están involucradas substancias químicas, desde el manejo de la Guía Setic. La identificación de los símbolos, la numeración, colores, las vías de contaminación los mecanismos de descontaminación, los efectos sobre el ser humano, mencionando las distancias de evacuación en casos de fuga o derrame.

10.-. Responsabilidad de los mandos en el manejo incidentes químicos[7].

10.1.- Objetivo general:

Proporcionar al mando de los grupos respondientes los conocimientos básicos para reconocer la simbología que identifica las substancias peligrosas

10. 2.- Objetivo particular:

Al finalizar el tema el participante será capaz de:

a.- Reconocer un material peligroso.

b.- Describir las vías de ingreso de las substancias al cuerpo humano y

c,- Describir los efectos más frecuentes y peligrosos para el ser humano.

d.- Conocer y aplicar las normas de protección básicas para protegerse a sí mismo los elementos integrantes de la agrupación que comanda. y a la población fija o flotante en el entorno,

10.3. Objetivos específicos (Medidas preventivas):

a.- El participante como responsable debe ser capaz de Identificar la nomenclatura, símbolos y colores distintivos que identifican a las substancias químicas y sus contenedores. Establecer un perímetro de seguridad inicial con medidas de protección.

b.- Así mismo identificar Las manifestaciones y síntomas de contaminación que presenta el ser humano cuando el material ha sido ingerido, o ha afectado los ojos, la piel o vías respiratorias,

c.- Iniciar el control de la escena y solicitar la ayuda especializada, dirigir las acciones programadas para proteger a la población fija o flotante de su entorno, asimismo realizar las acciones básicas iniciales de descontaminación

10.4.- Definición de Materiales peligrosos:

Materiales Sólidos, líquidos, gaseosos, o coloides que tiene la propiedad de provocar daños a las personas, bienes y medio ambiente.

Como son:

Productos Físicos, químicos, biológicos, radiológicos

Que se encuentran en:

El hogar, las tiendas, centros comerciales, campos deportivos, instalaciones militares, laboratorios, ferreterías, tlapalerías, gasolineras, forrajeras, estéticas y más.

10.5.- Incidente por materiales peligrosos.

Todo evento en que haya liberación o potencial liberación de un producto que genere daños físicos, biológicos, inmediatos, mediatos o a largo plazo en humanos a la fauna, flora o medio ambiente. (De las cuales hay registradas aprox. 33 millones) (www. as.org).

10.6.- Niveles de respuesta:

Advertencia:

Usted y su grupo de colaboradores como primer respondiente tiene la única responsabilidad formal de informar a las entidades responsables de lo que ocurre.

Reconoce, identifica, e informa, establece un control inicial de la escena, inicia acciones de protección a la población circundante y de apoyo a los respondientes autorizados mismo que tiene tres niveles de acción.

10.7.- 1er, nivel Operaciones básicas:

Inicia la respuesta al incidente, identifica la substancia evalúa la escena establece formalmente el perímetro de seguridad y el área de protección, activa el nivel de especialidad. para lo cual debe estar familiarizado con: formas de Contaminación y fases de descontaminación.

- Daños a los aparatos y sistemas del ser humano.
- Medidas preventivas para proteger a la población en situación de riesgo.

10.8.- 2º. Nivel, Técnico en materiales peligrosos.

El técnico tiene las siguientes funciones

Responde al incidente delimita la zona de aislamiento, inicia en lo posible el control de la fuga usando la protección requerida, taponando o cerrando válvula.

10.9.- 3er. nivel Especialista en materiales peligrosos.

Realiza las mismas funciones de nivel anterior con pleno dominio de la situación por su especialidad en química o por experiencia en el manejo de substancias.

10.10.- Comandante de incidentes.

Conduce las acciones de la operación vela la seguridad del personal.

10.11.- Diferencia entre reconocer e identificar:

Se puede reconocer un rostro, pero si se sabe nombre, apellido, domicilio, familiares eso es identificarlo,

Mecanismos para identificar la presencia de un material peligroso:

a.- Forma del contenedor. Norma (NFPA) 704

b.- Diamante: Cartel forma de rombo con uno, dos, tres, o cuatro colores

c.- Identificación de materiales peligrosos en transportes:

Sistema recomendado por la ONU.

Adoptado por el departamento de transporte de los EE.UU.

Placas y rombos de colores se coloca en los cuatro costados del vehículo.

10.12.- Simbología:

Rombos de color de fondo, blanco.

Rojo   Explosividad
Azul   Daños a la salud
Amarillo Corrosivo
blanco   reacciona con agua

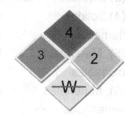

Parte superior, Símbolos: explosivo,

La Organización de las Naciones Unidas (ONU) agrupa a los materiales peligrosos en nueve clases: explosivos, gases, líquidos inflamables, oxidantes y peróxidos orgánicos, venenosos e infecciosos, radiactivos, corrosivos y otros no clasificados

(1) Explosivos de   1 expn. masiva, a   6 insensible.
(2) Gases, de   2.1 gas inflamable a 2.4 gas corrosivo.
(3) Líquidos flaméales y combustible
(4) Solidos   4.1 solido   a 4.3 material
flamables,   inflamable   peligroso mojado
(5), Materiales   5.1 oxidante   a 5.2 peróxido
oxidables   orgánico
(6), Materiales   6.1 mat. Infecc.   a 6.2 subst
venenosos   infecciosa
(7) Materiales radioactivos
(8). materiales corrosivos
(9) Materiales misceláneos

En la parte media en letra grande el tipo de riesgo

En la parte inferior en número de riesgo de 1 al 9

El que usted no perciba ningún olor no quiere decir que no hay peligro

Hay materiales inodoros pero son mortales. Así mismo si es que percibe

algún olor es probable que ya esté en grave riesgo.

Recuerde la regla del pulgar:

A la distancia que este del accidente, extienda su brazo enfrente de usted y levante su pulgar debe cubrir la escena, si lo la cubre ¡¡Esta usted muy cerca!! Aléjese y si puede use binoculares.

10.13.- Otras identificaciones:

La ONU. Publica cada dos años un listado de materiales peligrosos transportados a granel, en este listado los números menores a 1000 corresponden a explosivos, las placas o calcomanías del color correspondiente,

Azul salud, amarillo reactivos, rojos inflamables. Blanco tóxico,

La numeración en negro número grande la X es para la reacción violenta con el agua.

Notas:

Un número duplicado indica riesgo intensificado. (33, 66, 88)

Si la substancia solo tiene un riesgo el número va seguido de un cero (40, 60, 90). La X indica reacción violenta con el agua X55.

10.14.- Maneras de Identificar:

El nombre de la substancia transportada en los contenedores, carros tanque o furgones de ferrocarril, debe incluir la siguiente información:

10.15.- Señas para reporte y número de furgón,

Capacidad en libras o kilos o litros para tanques presurizados, tara (Peso del furgón o plataforma vacío).

4 Letreros un en cada porta letrero con datos de válvulas de seguridad, prueba, del tanque, **nombre del producto trasportado.**

10.16.- Primer respondiente:

El primer respondiente, en su momento puede tener acceso a la información o documento de embarque, mismo que será fácilmente disponible, visible y al alcance tanto del operador como del primer respondiente,

Los datos básicos que debe transmitir a la autoridad más próxima son:

a.- Nombre correcto del producto transportado,

b.- Clase de riesgo anotado.

c.- Numero del grupo de embalaje código de peligrosidad;

Grupo I: substancia de alto riesgo.

Grupo II: substancia de mediano riesgo.

Grupo III: substancia de bajo riesgo.

Documento de Embarque: Tipo y cantidad de substancia.

Hoja de Datos de Seguridad de materiales (MSDS)

Hoja de procedimientos para el manejo de un producto específico,

Identificación, que hacer en caso de incendio, explosión, fuga, escape, derrame.

Otros peligros importantes, manejo, almacenamiento, límites de exposición, Procedimientos de primeros auxilio,

Información de protección de especial.

Reconocimiento	identificación,
Lugar del accidente	Número de la O.N.U.
Tipo y forma del contenedor.	Nombre en el contenedor.
Diamantes, placas,	documentación y embarque.
etiquetas,	

Marcas corporativas Sentidos: vista, olfato, oído,

10.17.- Simbología del cuadrante NFPA.

Diamante dividido en 4 cuadrantes Cada color se aplica a un efecto físico; sistema DOT (Departamento de Transporte USA:) Se aplican números de 0 4 los efectos para la salud se califican en forma progresivo.

Color	No.	Significado Daños a la salud.
Azul	0.-	Efecto similar a la exposición por proximidad a un incendio de combustible no toxico.
	1.-	Irritación en vías respiratorias o lesiones leves en piel
	2.-	La exposición es incapacitante temporal o prolongada requiere atención médica inmediata.
	3.-	La exposición corta puede generar incapacidad o daños graves a pesar de recibir atención médica inmediata.
	4.-	Exposición corta puede causar la muerte o daños graves a pesar de recibir atención médica inmediata.

Color	No.	Significado
Rojo		Inflamabilidad
	0.-	Materiales que no se queman
	1.-	Requiere calor para encender.
	2.-	Se debe calentar moderadamente para que se encienda.
	3.-	Líquidos y sólidos que se encienden bajo cualquier condición
	4.-	Vaporizan rápida o completamente aun a presión a temperatura normal o se dispersa en el aire se incendia con facilidad.

Color	No.	Significado
Amarillo	0.-	Normalmente estable aun que se exponga al fuego, no reacciona con el agua
	1.-	Normalmente estable pero puede desestabilizarse a altas temperaturas y presiones o puede reaccionar con agua Con emisión de energía pero no violenta
	2.-	Con agua forma mesclas potencialmente explosivas. Normalmente inestable no se puede detonar
	3.-	Requiere Una fuente poderosa de inicio o calentado bajo contención, reacciona explosivamente con el agua
	4	Fácilmente detona, se descompone explosivamente, a temperaturas y presionas normales

Color	No.	Significado La letra W con la raya negra indica un riesgo potencial al contacto con el agua,
Blanco	**W**	Se emplean otros símbolos que no siempre coinciden nomenclatura de NFPA
	OX	Indica oxidante que puede acelerar la combustion o fuego
	ACID	Material corrocivo con Ph menor de 7.0
	ALK	Alkalino o basico, Ph mayor a 7.0
	COR:	Material corrocivo de Ph. Meno o mayo de 7.0
		Material corrocivo de Ph. Menor o mayor de 7.0
	Toxic	Material toxico en extremo
		Marteriales radiactivos
		Materiales infectocontagiosos

Ejercicio básico:

Abra la página de la guía e intente identificar el significado de los símbolos y numeración de los diferentes diamantes.

10.18.- Formas de Contaminación:

Capacitación y entrenamiento básico de brigadistas en incidentes con substancias peligrosas.

Temas a desarrollar.

10.18 1- Las rutas de exposición:

Vías de entrada al organismo de los tóxicos:
Contacto con ojos, piel,
Inhalación,
Ingestión,

Absorción por piel:

Los síntomas en general abarcan desde:

Piel: dermatitis y erupciones,

Ojos: Conjuntivitis química,

Gastrointestinal: Nauseas, vómito, diarrea, gastroenteritis,

Respiratorio: taquipnea, disnea, tos, asfixia, dificultad para respirar.

Cardiovascular: Colapso circulatorio, arritmias.

10.18.2.- Tipos de accidentes:

El incremento exponencial en la proliferación uso y desecho de substancias hace imposible saber con exactitud los efectos que pueda producir el contacto con una sola sustancia o con una mescla de ellas. La importancia de no actuar a la ligera en este tipo de eventos, si usted como brigadista o respondiente se ve involucrado en un evento con químicos, al término de las labores deberá ser programado para una serie de exámenes de laboratorio completos en secuencia de a la semana, a los 15 días, al mes, a los 3 y a los 6 meses,

Lo más probable es que usted y su personal no cuenten con el equipo de protección personal E.E.P. para acercarse a una víctima en el lugar de un derrame o fuga de material químico, si la hubiera, la misma deberá esperar la llegada de personal debidamente equipado para ser retirada del lugar si no se pudiera valer por sus propios medios.

En el caso de que usted sea de momento el único respondiente le asignara a otra persona la responsabilidad de guiar a la población a un sitio seguro y destinara otro espacio retirado de esa zona, para ubicar a las personas que resultaron contaminadas o estuvieron en contacto con la substancia derramada. Hasta la llegada del equipo de personal calificado para descontaminar y traslado de pacientes. Estos serán los únicos autorizados para operar en la zona de derrame o en la zona de aislamiento inicial, una vez que las victimas están descontaminadas el primer respondiente **si** podrá aplicar los primeros auxilios si por alguna razón no ha llegado el equipo médico profesional

10.18.3.- Daños a los aparatos y sistemas del ser humano.

Daños químicos, destrucción de tejidos por radiación contacto

Quemaduras: contacto, convención, Radiación, Daños físicos: Trauma por onda explosiva, implosión, o expansión

Intoxicación: Asfixia, Gases asfixiantes.

Daños biológicos: infecto contagiosos.

Acción: No toxica, desplazan el Oxígeno:

Asfixia Por desplazamiento de oxigeno:

Efectos: Hipoxia- Anoxia (asfixia).
C0. CO^2 gas L.P. Butano. Propano. Metano, Etano, Nitrógeno, Hidrogeno, Sulfuro de Hidrógeno, Cianuro, Cloruro de Metileno, Acetonitrilo.
Disminución en la concentración del O^2 en el aire inspirado

Síntomas:

Mareos, Cefalea, Disminución del estado de alerta, Incapacidad, Fatiga, Polipnea, Taquicardia, Pérdida de conocimiento, Coma, Muerte.

Corrosivos: Gases líquidos y sólidos que provocan destrucción química de los tejidos vivos:

Bases causticas: Sosa caustica, Amoniaco, Hidróxido de calcio (Cal), Hidróxido de sodio, Hidróxido de potasio.

Ácidos Fuertes: Ácido clorhídrico o muriático, Ácido cianhídrico. Ácido sulfúrico. Ácido nítrico. Ácido fluorhídrico.

Ácidos débiles: Ácido acético. Ácido ascórbico,

Oxidantes: Permanganato de potasio, Agua oxigenada

Otros; Creolina y cresoles, Sales de mercurio, Hipoclorito de sodio, Paraquat, Tabletas de clinitest, Fósforo blanco. Formol.

Vías de contacto: las lesiones por este tipo de sustancias puede darse por: ingestión, inhalación, contacto directo con ojos y piel y aun por aplicación intramuscular y/o vascular

Dosis tóxica: No hay dosis tóxica específica, porque la concentración y la potencia de las soluciones corrosivas varían ampliamente

Acción. Depende del tipo y concentración de la substancia.

Por ingesta:

Dolor, en boca, oro faringe, sialorrea, disfagia, edema, dolor retro esternal, vomito, disfonía, estridor y probable neumonía por bronco aspiración, o inhalación que puede llevar a edema de vías aéreas edema pulmonar y muerte,

Inhalación:

En inhalación de sustancias cáusticas se presenta tos, estridor y disnea, con edema de las vías aéreas, aumento de la disnea, broncoespasmo, edema pulmonar insuficiencia respiratoria y muerte.

Lesión ocular: Se presenta lagrimeo, dolor ocular e irritación conjuntival. Si el daño es severo se puede presentar edema ocular, necrosis corneal, hemorragia intra conjuntival y sub conjuntival.

Por contacto: Los cáusticos producen necrosis de los tejidos en forma descendente de epidermis, dermis a tejido celular subcutáneo paquete nervioso hasta planos óseos

Asfixiantes, Desplazan el oxígeno,

Corrosivos, Sólidos, líquidos, gases o geles destrucción química de los tejidos vivos.

Irritantes: Producen edema de ojos, el, tracto respiratorio y digestivo.

Sensibilizantes: producen reacciones alérgicas a la exposición

Cancerígenos, producen lesiones cancerosas en el humano expuesto.

Neurotóxicos: Daños permanentes al sistema nervioso.

Aparato o sistema Substancia

Sistema respiratorio	Ácidos halógenos, asbestos, cloro, plomo, polvo de carbón, Talio, Acroleína, epiclohidrina, estireno.
Hígado.	Tetracloruro de carbono, benceno, tolueno, xileno, acido pícrico

Sistema nervioso	Pesticidas, Órgano fosforo clorados, Mercurio, Estireno, Tetra etilo de plomo, Rotenone,
Sangre	Anilina, plomo, cloruro de vinilo, benceno, tolueno, nitro cloro benceno,
Sistema esquelético,	Cloruro de vinilo, Fluoruros, selenio.
Piel	Arsénico, cromo, metales pesados, hexa cloro naftaleno.
Con riesgos especiales	Materiales radioactivos: Cesio cobalto, isotopos varios.
Materiales infecto contagioso;	Virus. bacterias, Ebola, Saire, Mombasa, Antrax,
La contaminación:	Directo o Primaria por contacto con vector o portador sano, Secundaria: por contacto con producto o fómite,

10.18.4. -Descontaminación:

Proceso fisicoquímico utilizado para remover contaminantes en dos fases:

Inicial primaria o gruesa:

Para remover la mayor parte del material contaminante. Regadera y cepillo, acido vs carbonatos, Sales vs. Ácidos ligeros.

Secundaria:

Remoción total de los contaminantes residuales de una superficie. Baño completo, Toda persona que ingrese a una zona contaminada, será sometida a descontaminación antes de ser atendidita de probables lesiones, los materiales colectados deben ser retenidos en recipientes especialmente destinados para su disposición final.

10.18. 5.- Equipo de Protección personal:

El equipo normal de bombero que consta de:

Casco,
Googles u careta,
Cubre boca,
Chaquetón,
Guantes de carnaza y latex,
Pantalón,
seguro de puertas
Botas,

Equipo de respiración autónoma, este protege contra la inhalación y da limitada protección contra salpicaduras, pero no protege contra la exposición a gases y agentes vaporizados que afecten la piel.

Por lo que usted como primer respondiente que no tiene equipo de protección química, manténgase mínimo a100 metros o 300 pies de distancia del derrame o evento.

10.18. 6.- Información básica:

Datos que deberá recabar desde donde está usted observando el evento para transmitirlo a la brevedad a la autoridad más próxima:

Identificación de quien reporta:	Nombre y si pertenece a alguna agrupación.
Lugar y hora del incidente	Poblado más próximo, en qué dirección.

Tipo de accidente:	Derrame, fuga, escape, choque, volcadura, incendio, Cantidad que se derrama.
Tipo de vehículo	Caja, tanque, numero de ejes o ruedas, ejes,
Numero probable de victimas	Se mueven no se mueven
Tipo de terreno,	Plano, curva, bosque población
Condiciones meteorológicas:	Dirección del viento.
Identificación del producto.	Colores y números del rombo de identificación del transporte o contenedor si lo ve
Sonido, olor, color, vapor, humo,	Algún tipo de ruido,

10.18. 7.- Medidas preventivas para proteger a la población en situación de Riesgo.

En su carácter de primer respondiente a un incidente de esta naturaleza, inicialmente deberá realizar una correcta evaluación de la situación tomando en cuenta los siguientes factores:

a.- Riesgos para la salud.

b.- Cantidad y propiedades químicas y físicas de la substancia involucrada.

c.- Velocidad del movimiento de la substancia. (Derrame o pluma.)

d.- Necesidad de neutralización o contención.

5.10.18.8.- Si la población se ve amenazada:

Evaluará los aspectos de:

Extensión de la zona afectada,

Población afectable (Numero).

Tiempo para evacuar.

Capacidad para dirigir, controlar y proteger la evacuación.

Vías de escape,

Selección de las áreas y sitios designados como refugios temporales, espacios abiertos o recintos cerrados.

Identificación de áreas críticas: hospitales, escuelas, asilos, cárceles.

Áreas tácticas,

10.19.- Condiciones climáticas.

Dirección y velocidad del viento,
Temperatura ambiente
Humedad,
Posibilidades de Cambio.
Desde el primer momento las prioridades son:

a.- Informar a las autoridades y a las instancias técnicas,

b.- Proteger y evacuar a la población vulnerable.

10.20.- Acciones de protección:

Objetivo: proteger a la población vulnerada o vulnerada de los efectos de los fenómenos perturbadores naturales o antropogénicos.

Aislamiento y señalamiento de las áreas de riesgo,

Delimitación del área, acceso permitido solo a los elementos con capacidad técnica operativa para control de la situación de riesgo, con equipos de protección personal de acuerdo a la norma, íntegra y colocada.

Evacuación:

Movilización de la población vulnerada o vulnerable, por una vía de escape protegida, a un lugar seguro en función de la dirección predominante del viento, y a una distancia donde no pueda ser afectada nuevamente por el fenómeno aunque cambie el viento la planeación debe tomar en cuanta toda la logística necesaria para seguridad de los evacuados.

10.20.1.- Protección en el lugar:

Dependiendo del fenómeno y de las condiciones ambientales en ocasiones se toma de decisión de mantener a la población en lugares cerrados hasta que pase el evento, esto implica cierre de puertas, ventanas, sistemas de ventilación climas artificiales, no siempre se puede tomar esta opción sobre todo si no es posible un cierre hermético, en todo caso los vehículos ofrecen una posibilidad temporal.

10.20.2.- La comunicación:

De ser posible debe existir un medio de comunicación entre los que están dentro y los que quedan fuera, cada incidente es diferente y presenta condiciones especiales abra los ojos manténgase a la expectativa de los cambios en los riesgos probables.

10.20.3.- Tamaño de la fuga o derrame:

Derrame pequeño: un solo envase hasta tambor de 208 litros 55 galones U.S.A.

Derrame grande: envase grande o muchos pequeños.

10.20.4.- Distancia de acción protectora:

Usted como primer respondiente, lo comentamos en líneas anteriores lo más seguro es que no tenga acceso a la Guía de Materiales Peligrosos, pero sí a este manual, en el que se le indica que una acción inicial es prepara a la población para evacuar, ¿A dónde y .a que distancia? Lo determina la Guía, al comunicarse telefónicamente con la oficina de control de la unidad transportadora o directamente al teléfono gratuito

CHEMTREC (01 800-424-9300) en los E.E.U.U.
CECOM (91 800-70-226 del interior de la república o al 705-1169 y 705 31 48 en el D.F. y área metropolitana.

Ellos le indicaran cual es el perímetro de aislamiento inicial y a que distancia debe evacuar, además te informaran sobre los riesgos del material, precauciones de seguridad, y el procedimiento de atenuación, si no tiene acceso a esa información las distancias iniciales mientras tienes más información son: mínimo 200.00 (600) pies a favor del viento, esto es caminando en dirección contraria de donde sopla el viento: Si es un material explosivo o que reaccione con el agua la distancia a que debe estar la población son una milla, más de 1500 o más. metros.

10.20.5.- Zonas de seguridad.

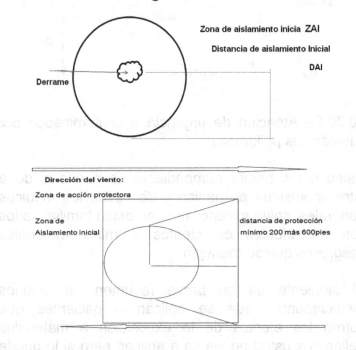

Dirección de la evacuación mínimo 200 más. o 600 pies

En materiales explosivos la distancia es l600 más. Una milla

En la comunicación probablemente le van a indicar ciertas acciones con abreviaturas o siglas con las que debe usted estar familiarizado las básicas son;

ZAI.- Zona de aislamiento inicial. DAI.- Distancia de aislamiento inicial.

ZAP.- Zona de acción protectora.

DP.- Distancia de protección.

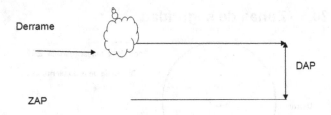

10.20.6.- Atención de urgencia a contaminados por substancias peligrosas:

Usted como primer respondiente no puede ni debe intentar sustituir al médico y de hecho los médicos generales, salvo excepciones, no están familiarizados con los efectos de cientos o miles materiales peligrosos que se manejan

El siguiente es un breve resumen de algunos medicamentos que se aplican a pacientes que sufren los efectos de la exposición a materiales peligrosos usted no los va a aplicar, pero si lo puede proporcionar para su revisión y probable aplicación al personal médico no especialista de la zona que se acerque a brindar auxilio a las víctimas contaminadas de mientras llega el personal experto en esta materia.

Medicamento.	Indicación	Dosis	Precaución	Presentación
Adrenalina Catecolamina alfa, beta adrenérgico Cardiotónico Bronco dilatador Vaso constrictor hipertensor.	Reactivación cardiaca anafilaxia Asma	Reactivación cardiaca 0.5 mg C/ 5 min. Mx I.V. Anafilaxia. 0.1ª 0.5 mg i.v. en 10 min. Asma, 0.3 mg subcutánea	Contra indicaciones hipertensos, taquicardia no aplique bicarbonato o sol. alcalinas	Amp 1cc 1/ a 10.00 en jeringa pre cargada. 1ª 10.000 jeringa precargada 1mg sol 1ª 10.000
Amino filina Cardio tónico. Bronco vaso dilatador. Estimulante. respiratorio.	Bronco espasmo Edema pulmonar. Asma, anafilaxia EPOC.. Relajante Musculatura lisa vasodilatador Cardiotónico Acto. Diafragma	3ª6 mg /kg en100 cc de dextro al5% Goteo lento. 30 min.	Aplicación con paciente monitorizado Produce convulsiones. nausea, vomito, cefalea,	Amp. 250. 500 mg.
Anestésico .oftálmico. Est. la memb. Neuronal	Analgesia ocular	1 a 2 gotas en el ojo afectado	Prurito y ardor alergia	Fco gotero de 15 ml.
Azul de metileno Reduce la meta hemog. En hemoglobina Oxida al H de ferroso a férrico	Prod. Meta Hemoglobinemia	1 a 2mg/kg (0.1 a 0.2ml/ kg al 1% endovenoso lento 2.3. min.	En alta dosis nausea, mareo. cafalea, diaforesis, meta heglobinemia.	Amp. 10 mg en 1 ml y en 10 ml. Y 100 Mg en 10 ml
Bicarbonato de sodio. Alcaliniza los ácidos de la sangre, en hipoxia,	Para cardio respiratorio acidosis por shock, intoxicación por material. toxico.	1mEq/Kg I:V Desp. 0.5 mEq/kgcada 10 min..	Alcalosis sobrecarga diast. acidocis cerebral.	50 ml. al 8.4% al7.5% 10ml. Al 4.2%

Bretilio tosilato Agente antiarrítmico Desfibrilador químico	Fibrilación ventricular taquicardia ventilatorias Arritmias ectópicas	Fib, vent.5mg/ kg I.V Rápido 10mg/kg15 30 min desp.	Hipotensión Nausea vomito	Amp 10 ml C500mg Se sugiere la xilocaina / 1
Diazepan ansiolítico Anticonvul Sedación Relajante muscular esquelético.	Convulsiones activas Estatus Epilepticus.	De 2 a 10 mg i.m.	Depresión del centro respiratorio. Riesgo a la ingesta de alcohol	Amp 10 mg 2 cc.
Dopamina	A dosis baja estim. card renal.	1-2 mcg/kg/min.	Entre 10y20 v. constrictorcrisis hipert, nausea focos ectopic. Desact. bicarbonato de	amp.200 mg/5 ml.
Furosemide	Diurético potente Edema pulm. agudo	0.5 mg/kg a 2 mg i.v.lento	Hipovol, colapso circ.arritmia	Amp20 mg. en 2 ml. 100 en 10 ml.
Gluconato de calcio	Quemado por C/ac.fluorhidrico	Mesclar 3.5.gm/150 K-Y aplicar y cubrir	En quemadura profunda aplic subcut, manejo hosp.	Se prepara no existe en el mercado como tal.
Isoproterenol	Estim. card. bronc. y vaso dilatador. aplic en broncoesp.	1 mg en 500ml dextrosa al 5% goteo 50 g.xmin.	Arritmia card. demanda de O^2	Amp. 1 mg
Nitrito de amilo, nitrito de sodio, tiosulfato de sodio en ese orden	Antídoto para cianuro	Aspirar una caps/15 seg desc. y repetir, admin. Ni de Na,300mg en 10ml de	Manejo hospitalario control de metahemobinemia	Antídoto contra cianuro Lilly
Metaproterenol	Estimul. beta adrenergico Edema pulmonar Asma brinquial Enfisema	Na amp.0.6 % 1.5.mgen nebulizador deo[2]	Taqicard. Hipertensión.	Amp 15 mg.
Naloxona	Narcótico antagonista muy rápido Depresión resp.	2 mg iv. se puede repetir.	Se puede repetir si los sintamas vuelven	Amp 2 mg en 2ml

				Amp.4mg. en 4 ml.
Noradrenalina	Dilatador coronario estimul cardiaca Hipertenc. art.	4mg en 500 ml dextro o fisiol 50gotas por min.	Hipertensión bradicardia Necrosis venosa	Amp.4mg. en 4 ml.
Oxigeno	hipoxia, shock .infarto del miocardio depresion resp. paro cardiaco o resp.	Eleva la tensión arterial aumenta la oxigenación de los tejidos	Adm. canula nasal 1- 6 x min masc. 6 12 ambu 15	
Propopam cloruro de pralidoxina	Intox por pesticidas y organosmo fosfatados o carbamato.	Reactiva. la colinesterasa alivia la paralisis de los musc- resp. musc	1gr. en 100 de dextrosa goteo de 15 30 por min. 3dosis en 24 hs.	Taquic. laringo espasmo
Sulfato de atropina	anticolinergico bloqueador parasimpaticoaumenta frec cardiaca aum- la conducción cardiaca.	Bradicrdia sinusalasistoliay bloq. cardiaca.intox c/órgano fosfatos, carbamatos. y gases	Arrit. 0.5 mg c 5min max 4 dosis asistole bolo de 1 mg iv. intx. bolo de 2 mg.	Jeringa prec.1mg 10cc. amp multidosis 8 mg en 20 ml.
Sulfato de morfina	Analg. elev. el umbral del dolor vasodilatación periférica	Dolor precord. edema pulm. fracturas, quemaduras, por frio.	2.5. mg iv.max 0.2 mg x km	Paro resp. amp 20 mg en 10 cc.
Xilocaina	Suprime las arritmias ventriculares fibrilación	Eleva el umbral de fibrilación,	Depresión resp. y cardiaca bloqueo etrio ventric.	1mg /kg bolo iv. repetir

CAPÍTULO 11

Responsabilidad del mando en la emergencia y el desastre.

Resumen.

Función de los mandos en la Atención de emergencias.

En todas las situaciones de emergencia o desastre los primeros respondientes son los sobrevivientes ilesos que se abocan a la extracción de los familiares, atrapados más próximos, posteriormente se presentan los grupos voluntarios organizados, más tarde hacen su aparición los cuerpos de auxilio oficial y más tarde en México los cuerpos de tropa, dependiendo del oficial o jefe a cargo, tomara en cuenta a los grupos de apoyo civil que están realizando tareas de salvamento y rescate en el área, o los rechazan ignorando su valiosísimo apoyo. .pero ninguna unidad ni privada ni oficial tiene idea de los riesgos a los que se va a enfrentar, ni la problemática que vive la comunidad vulnerada, presume que toda emergencia es la misma situación: Acordonar el área, mover escombro, sacar atrapados llevarlos al hospital si están vivos o a un depósito de cadáveres y tomarse la foto

Pero la situación no es tan simple, por lo que es prioritario, si en la zona se viven amenazas cíclicas, o estadísticamente probables se debe asistir con un proyecto de respuesta en mente o más idealmente con un programa piloto listo para ser aplicado formalmente donde este señalada la función de todas las instancias participantes donde estén contestadas todas las interrogantes clásicas ¿Qué? ¿Cómo? ¿Cuándo? ¿Dónde? ¿Para qué? ¿Con que? ¿Quién? ¿Para quién? ¿Cuánto cuesta? ¿Quién paga?

Los mandos, en este caso, usted, debe tener contestadas cada una de las cuestiones, por lo que el plan que usted presente debe ser:

a.- Completo:

No deje nada al azar tome en cuenta los 11 puntos anotados y los que se le ocurran para que cualquier duda tenga la respuesta anotada.

b.- Claro,

Tan claro que hasta el más iletrado lo entienda, No de margen al "Es que yo creí o al "Me pareció que".

c.- Sencillo: Si los obliga a pensar la pereza los duerme.

d.- Flexible: elástico moldeable, que los operativos usen su iniciativa.

11.- Responsabilidad del mando en la emergencia y el desastre.

Definiciones:

Desastre:

Evento destructor que provoca pérdidas de vidas y graves daños para la población y medio ambiente, rebasando la capacidad de respuesta del gobierno local por desproporción entre la demanda y los medios disponibles En México recordemos 1984 Sn. Juan Ixhuatepec. 1985 19 de Septiembre, en otras naciones: El Nevado de Ruiz, Indonesia, Chernóbil, Three Miles, Haití, China, Bangladesh, Pakistán, y decenas más

Servicios de emergencia:

Cuerpos o grupos oficial o voluntario especializado en Atención de poblaciones vulneradas por el efecto de fenómenos perturbadores naturales y o antropogénicos que provocan situaciones de emergencia o desastre.

Perfil social del respondiente:

El participante en tareas de auxilio de cualquier origen, al vestir su uniforme, reafirma los principios de humanismo y solidaridad social que dieron origen a La Cruz Blanca Neutral, al Escuadrón de Servicios Urbanos y Rescate Aéreo. E,S.U.R.A, (hoy E.R.U.M) mística que da origen y razón de ser de los cuerpos de Bomberos, cuerpos voluntarios de la A.N de C.A o a la noble Cruz Roja internacional ahora institución de asistencia privada en la República Mexicana.

11.1.- Generalidades: Respuestas, Objetivos, Planeación, Desarrollo.

Responder a un desastre implica:

Conocimientos, planes definidos, equipo entrenado y recursos suficientes para una respuesta, eficiente suficiente y oportuna; con un.

Objetivo formal:

Reducir, - Si no eliminar- los daños a la población y buscar la recuperación de la actividad socioeconómica de la población vulnerada

Los mandos desde el momento de ser asignados a una tarea como primera acción es formar un grupo de colaboradores (Mente Maestra) identificados con el objetivo, en segundo lugar es la allegarse la mayor cantidad de información más actualizada relativa a la misión encomendada, a través de una evaluación formal para dar respuesta a las interrogantes planteadas.

I.- Acciones de evaluación* (1)

a.- Factores de riesgo poblacionales:

b.- Vulnerabilidad de los Sistemas Vitales,

c. Sitios de riesgo.

d - Actividad socioeconómica primordial del área.

e.- Sistemas de transportación y vialidades.

f.- Cuerpos de seguridad confiables.

g.- Detección de líderes locales.

h.-.Detección de fuentes recursos disponibles por convenio para apoyo de la Población vulnerada,

i.- capacidad hospitalaria instalada y expandible.

j.- Ubicación de Áreas de pernocta, refugios temporales con la logística necesaria.

k.- Censo de Cuerpos de seguridad con personal calificado.

l.- Censo de Recursos humanos y materiales eficientes y suficientes y oportunos.

m- Convenio de apoyo de suministro de energéticos.

*Responsable: entidad de gobierno municipal, estatal, o federal programada:

Planeación:

II.- Selección de recursos

Selección y asignación de responsables*.
Equipo humano: especialistas y rescatistas *.
Recursos materiales: herramientas y móviles.
Elaboración del organigrama - Coordinación interinstitucional.
*(Por Oposición curricular)

11.2.- Coordinación interinstitucional

Selección de equipo humano.*

La Coordinación general es la responsable de la toma de decisiones desde la organización primaria, hasta la toma de decisiones a través del director del comando unificado para desastres con el equipo de respuesta a emergencias que se integra con respondientes institucionales

Selección de recursos materiales.

Cada dependencia, empresa o particular a petición del director en funciones del Comando unificado aportará los recursos, solicitados previo convenio para aplicar en la zona de desastre de acuerdo a su área especialidad bajo control del representante del grupo estera pala transparencia del proceso.

Organigrama. (Ideal)

11.3.- Toda población que vive los efectos de un fenómeno perturbado pone a prueba la Infraestructura y capacidad operativa de los servicios asistenciales como son: Red de agua, potable, energía eléctrica distribución de hidrocarburos, alcantarillado, servicios y atención pre hospitalaria, comunicaciones, transporte público, servicios especializados de rescate, bomberos, seguridad, abastos, policía; Todos se vuelven insuficientes e ineficientes, sumado a lo anterior, la forma actual de atender emergencias, cuando menos en los países sub desarrollados sigue siendo un dispendio de recursos humanos y materiales, sin que exista en la mayoría de los países, la institución coordinadora normativa, o el programa idóneo capaz de cubrir las necesidades que se presentan en caso de que un sistema de soporte vital, salga de control o sufra una calamidad que provoque un estado de emergencia para la población. La atención de emergencias y desastres en cualquier parte del mundo se realiza con una desorganización y dispendio de recursos humanos y materiales total, en México a más de 30 años de un evento hay o asentamientos humanos irregulares sin resolver.

En base a lo anterior nuestra institución propone la creación de **Una unidad de control operativo de emergencias y desastres dependiente de** de la Coordinación General de Protección Civil de la Secretaria de gobernación. Enlazando y coordinando las acciones instituciones oficiales o privadas que de acuerdo a las leyes aplicables brinden atención a la comunidad en caso de desastre, dando respuesta inmediata oportuna y eficiente, suficiente y ante todo coordinada a la comunidad a través, de un sistema de comando logístico operativo, la mencionada instancia funcionaria como **UNIDAD OPERATIVA**

11.4.- Voluntad política:

La creación de este organismo requiere de una visión a futuro de la cultura de la prevención y la responsabilidad oficial en la protección de las comunidades cíclicamente vulneradas con una voluntad política de las altas autoridades del gobierno en turno para la integración de dos instancias iniciales: Un patronato que le de soporte administrativo y un fideicomiso para el soporte y solides económica, con la asignación de los recursos de operación inicial y la paralela integración de una infraestructura formal, lo que permitiría definirla como: Organismo público descentralizado con personalidad jurídica y patrimonio propio autofinanciable ubicándola como una instancia logística, autofinanciable, con autonomía, movilidad inmediata, comunicación, operativa, multidisciplinaria, polivalente, con capacidad para responder a solicitudes para respuesta y atención de emergencias en cualquier punto del territorio, para el numero de involucrados y por la causa que sea.

Lo que requiere la capacitación básica, intermedia y avanzada de todos los niveles incluyendo los mandos mismos que deben ser seleccionados por oposición curricular y que demuestren capacidad para resolver una emergencia en diversas situaciones y entornos, garantizando la óptima y oportuna preparación, captación, distribución y utilización de recursos humanos y materiales de reconstrucción disponibles, para llevar a cabo estas acciones esta dirección descansa en el siguiente organigrama.

Mando superior: Secretaría de Gobernación
Coordinación General de   protección civil
Unidad operativa
Subdirección operativa   Subdirección operativa
Coord., Medicina de desastres.   Coord. Operativa,   Coord. Logística
Coord., Planeación.   Coord. Administración;   Coord. Financiera.

11.5.- Necesidades básicas:

a.- Selección de mandos por oposición curricular.

b.- asignación y aceptación de responsabilidades

c.- Local.

d.- Equipamiento.

e.- Sistemas de comunicación.

f.- Banco de datos.

g,- Menaje.

h.- Selección, captación y distribución de fondos.

I.- Transporte.

3.- Funciones básicas:

De acuerdo a las funciones específicas de las coordinaciones cada una asume sus tres niveles de acción;

Preventiva: que implica desde la preparación de los formatos, entrenamiento, preparación de proyectos de respuesta a fenómenos cíclicos en las diversas regiones del país,

Durante: Responder a la atención de emergencias de acuerdo al tipo, importancia, región, número de involucrados, afectaciones de sistemas vitales.

Después: Preparar los procedimientos de evaluación y critica de las acciones realizados durante la atención de la emergencia, preparación de los informes.

11.6.- Funciones de las coordinaciones.
(Esquema descriptivo)

Coord.	Tiempos	Acciones	Responsable
1Dirección puesto de mando	Prevención	Establece protocolos de respuesta en situación de emergencia en áreas tácticas de alta prioridad y riesgo, Programa convenios de interacción con sectores salud, educativo, industrial empresariales Coordina la selección de respondientes y equipo para cada coordinación	Selección por oposición curricular
	Durante	Instalación del puesto de mando, toma de decisiones con aplicación inmediata de protocolos de respuesta, coordinar las acciones de los grupos respondientes.	
	Post desastre	Evaluación de necesidades de la población vulnerada análisis de costos, tiempo de recuperación, preparación de informe para la alta dirección.	
2.-Especialistas	Prevención	Estudios de vulnerabilidad manejo de probables riesgos para zonas prioritarias, y proyectos técnicos de aplicación programada en áreas críticas de alto riesgo.	Colegios y asociaciones de profesionales UNAM. Poli. Setic. Aniq.
	Durante	Evaluación de riesgos, y afectaciones por movimientos de placas o desplazamientos de plumas, reconstrucción, afectación de edificaciones y viviendas construidas en zonas de riesgo, revisar: ríos, quebradas taludes, cuencas, deslizamientos, apoyo en operaciones, análisis de necesidades, evaluación de la malla vial puentes, líneas vitales, rutas de evacuación. redes principales de acueducto, alcantarillado, gas natural, hidrocarburos, sistema eléctrico, análisis de necesidades, operaciones	
	Post desastre	Reconstrucción de viviendas y ejecución de obras de mitigación	

3.- Medicina de desastres (medicina. critica)	Prevención	Preparación planes de atención de emergencia, preparación de recursos humanos: personal, médicos, enfermería, y personal de apoyo, establecer convenios con hospitales de 3er. nivel instrumentar Programas salud pública para poblaciones vulneradas, Preparación de materiales de curación y recursos de instrumentación médica para respuesta a desastres, medicina crítica o táctica.	Sector salud. Especialistas en medicina de desastre
	Durante	Aplicación de plan hospitalario de emergencia con aplicación de protocolos de medicina critica atención y canalización de victimas triage, pediatría, área de descontaminación, des infestación, saneamiento básico y morgue	
	Post desastre	Plan de salud pública, agua potable control de vectores Saneamiento básico Medicamentos e instrumentación.	
4.- Grupos especializados de rescate. y salvamento	Prevención	Preparación de equipos y entrenamiento.	Mandos de grupos de rescate y salvamento
	Durante	Salvamento y rescate de atrapados Evacuaciones definitivas.	Cuerpos de bomberos 2º y 3er nivel.
	Post desastre	Revisión análisis de acciones.	
5.- Logística	Prevención	Preparación de convenios de apoyo.	Grupos de apoyo especializados. Representante de grupoEsfera.
	Durante	Apoyo con personal, equipo e insumos,	
	Post desastre	Informe de aplicación y agradecimientos.	

6.- Trabajo social	Prevención	Preparación de formatos para las acciones de control de tiempos, población vulnerada participantes	Esc. trabajo. Social UNAM. y de otros centros.
	Durante	Censos e Información de afectados, control de alojamientos temporales, albergue a (familias y amigos) arrendamientos. viviendas temporales – prefabricadas, auto albergue, atención a solicitantes instalación de cocinas, distribución de alimentos, uso de tiempo libre, manejo del alojamiento temporal	
	Post desastre	Reportes e informe final	
7.-Seguridad	Prevención	Selección de elementos con ética y responsabilidad	Seguridad. Pub. Mnpal.
	Durante	Manejo y seguridad de la zona de impacto Protección control de accesos.	
	Post desastre	Entrega de informes de eventos e incidencias.	
8.- Proyección y difusión	Prevención	Contacto con medios e instituciones Comunicados e informes de prensa	Escuelas de Comunicación. social y Periodismo UNAM.
	Durante	Instalación de sala de prensa recopilación de información emisión de boletines de prensa.	
	Post desastre	Informe final de acciones relevantes y distinguidas los grupos	
8.- Servicios generales	Antes	Instalación y apoyos Manejo de escombros	Servicios. de limpia y transportes
	Durante	Escombrera del relleno sanitario, manejo de excretas	
	Después	Levantamiento de instalaciones.	
9.- Proyección y difusión	Continuo	Contacto con medios e instituciones Comunicados e informes de prensa	Escuela. Comunicación. social UNAM

11.7.- Desglose de actividades:

Dirección de mando:

Preventivas:

Desde siempre se ha insistido en la necesidad de una dirección general de control de emergencias y desastres y de que su mando esté en manos de una persona responsable seleccionada por oposición curricular con experiencia mínima de 5 años en el mando de un cuerpo de bomberos, o de un cuerpo táctico operativo, con amplios conocimientos en situaciones de emergencia o desastre, real no de simulacros de bitácora, de tal manera que al tomar el mando de inmediato de aboque a conocer las áreas críticas, mecanismos de control programados, la confiablidad y entrenamiento de los cuerpos de seguridad y respuesta establecidos de las condiciones de los equipos y materiales existentes para las labores de rescate, el nivel de existencia, aplicación y observancia, de los programas de protección civil, de acuerdo a la normatividad vigente, solicitando un reporte actualizado realizado por inspectores e instructores no susceptibles de ser convencidos económicamente de que todo está bien, en base a estos reportes establecer proyectos de prevención de emergencias para las áreas críticas de la ciudad, desde áreas habitacionales, industriales, empresariales, de transportación, de investigación, educativas, de abasto y comercio, evaluando la capacitación técnica operativa del personal de los grupos respondientes oficiales o voluntarios, equipamiento, y disponibilidad de respuesta en tiempo. Así mismo como un punto prioritario establecer los convenios de integración de comités locales de ayuda mutua. CLAM:

Objetivo:

Integrar a las empresas e industrias de la zona y a las autoridades estatales o municipales por áreas o en un solo grupo, en un organismo de preparación de acciones preventivas y de atención de riesgos y amenazas, evitando la duplicidad de acciones y esfuerzos con protección a las instalaciones comunidad y medio ambiente, integrando un todo de respuesta, en la situación de que un riesgo rebase la capacidad de respuesta de una empresa o instalación, abra un conjuntar a las instalaciones del sector salud, en un equipo de respuesta y capacitación de la comunidad en acciones seguras y de manejo de riesgos físicos y de respuesta en situaciones de emergencia..

Durante la emergencia:

Desde el momento en que las autoridades dan la señal de alerta, el denominado como director de siniestros y rescate asume la jefatura del puesto de mando solicitando la participación de los representantes de las demás secretarias de estado involucradas como respondientes en sus respectivos roles, supervisando el desarrollo de las acciones de control de los riesgos existentes con aplicación inmediata de protocolos de respuesta y atención total de la población en los aspectos de salvamento, rescate, desplazamiento, ubicación en refugios, o albergues temporales, ya sea con familiares, amigos o alquilado, supervisando el destino de menores, sin familia o madres gestantes, que requieren atención y cuidados especiales, así como la instalación de cocinas preparación de los alimentos y la distribución de insumos, materiales de abrigo y de reconstrucción a la población vulnerada, coordinando las acciones, asimismo supervisa los roles de trabajo, aseo, descanso y alimentación, de los grupos operativos, exigiendo el uso de los equipos de protección personal,

Después de la emergencia:

Evaluará los efectos del fenómeno y de las necesidades urgentes de las poblaciones afectadas así mismo, solicitara de parte de los especialistas contables un informe de los costos del manejo de la emergencia incluyendo horas hombre de los grupos respondientes y de materiales combustibles, energéticos e insumos, alquileres de espacios, equipos o instalaciones, para ubicación temporal instalación de los albergues costos de derrumbe, retiro de escombros, reconstrucción de viviendas, tiempo de recuperación, incluyendo en los datos registro de actos sobre salientes, de los palpitantes, todos los datos se incluirán en el informe para la alta dirección.

Sección de Especialistas o cuerpo de operaciones acciones

La participación de especialistas de los Centros de estudios superiores; las asociaciones (Aniq –Setiq) y los colegios de profesionistas, para el diseño de programas de respuesta de situaciones de desastre o emergencia garantizarán el adecuado manejo de los efectos de los fenómenos perturbadores Se integrará con especialistas en: diversas áreas. de Análisis y sistemas, planeación y desarrollo de proyectos, de ingeniería eléctrica de alto voltaje, cimentación Apuntalamiento de estructuras, redes hidráulicas, Control de incendios, derrames de químicos, biológicos, fluidos, gases o desechos tóxicos, Control de radiaciones, Procesos de descontaminación. Control de Fauna nociva, Control de pánico, Psicología de las masas y más,

11.8.-Medicina de desastre:

Prevención:

La preparación de una unidad de medicina táctica debe contemplar autonomía, movilidad, instalación rápida, máximo 6 horas, capacidad de respuesta.

Equipamiento: vehículos. transportes de carga, ambulancia, combustibles, refacciones, herramientas, tiendas de campaña, de preferencia una sala de curaciones, camillas, paquetes estériles de instrumental, material de curación, medicamentos básicos, sabanas desechables, frazadas, cocina portátil, menaje, alimentos insumos, estufa, gas, personal para su atención, mesas, bancas, tanque para agua, letrinas.

Destinando un área de aseo, descanso, para personal médico enfermería y de apoyo

1er. Nivel: Selección de personal médico y de enfermería capacitado en medicina táctica y personal de apoyo, en el número necesario y suficiente de acuerdo a volumen de población afectada,* instalación de un puesto de triage, para evaluación y canalización a los que requieran una atención de varias horas o internamiento formal.

2º. Nivel:

El comando o director médico establece convenios con las instalaciones del sector salud en la zona, de desastre para la atención a pacientes: que requieren una atención de segundo nivel, fracturados, madres en trabajo de parto, infantes abandonados sin familiares, o con infecciones e infestaciones

3er. nivel: instrumentar Programas de salud pública para la población vulnerada, apoyarse en los mandos superiores para la disponibilidad de transporte de pacientes graves, que requieran servicios de gabinete, laboratorio, o cirugía mayor, con internamiento para su recuperación, completa.

Durante:

La coordinación de logística buscara un espacio adecuado a la magnitud del desastre, para instalar, las áreas necesarias, estableciendo los puestos de triage, pediatría, descontaminación, des infestación, saneamiento básico y morgue y los espacios para la evaluación integral de pacientes zonas de refugio temporal para la población vulnerada, espacios comunitarios, áreas de descanso y aseo para personal médico y de apoyo.

Con los informes de evaluación de daños de la zona, el responsable médico envía al personal de selección: a evaluar el estado físico de las víctimas aplicando criterios de medicina táctica; señalando con listones o tarjetas de colores

Rojos al área de emergencia o traslado.

Amarillo al área de curaciones,

Verde a la sala de espera,

Manejo de pacientes:

La brigada de evacuación entregara a la víctima al puesto de triage que aplicando protocolos internacionales de medicina critica para la atención y canalización de víctimas lo evalúa, con ese diagnóstico: Si lo amerita, Trabajo social canaliza vía radio al lesionado al Centro regulador de urgencias y éste le asigna hospital de destino final. Siendo trasladado por las ambulancias, autorizadas.

Post desastre:

Establecer un Plan de salud pública, potabilización de agua si se requiere, control de vectores, Saneamiento básico, con apoyo de trabajo social integrara la memoria del evento con registro de las acciones destacadas realizadas por cualquier persona en beneficio de la población vulnerada. Actos que ocupara un lugar distinguido en la memoria del evento, que elaborara en jefe del sistema de comando unificado para la alta dirección,

++Se integra con personal médico, de enfermería y de apoyo de los cuerpos voluntarios de atención pre hospitalaria y de las escuelas de medicina con las que se tenga convenio de interacción.

11.9.- Grupos especializados en técnicas de Salvamento y rescate**.

Tareas de Prevención:

Selección de aspirantes previa evaluación, para integrarse a los equipos de las diversas técnicas y especialidades, Preparación de equipos y entrenamiento en Prevención control y combate de incendios en los tres niveles, técnicas de búsqueda, rescate en espacios colapsados, contaminados, confinados, extracción vehicular, evacuaciones masivas, instalación de albergues temporales, manejo de substancias peligrosas. Coordinar y organizar de grupos de rescate y salvamento

Durante: Con la asesoría de los especialistas.

Salvamento y extracción de atrapados, recate de cadáveres, control de incendios apuntalamiento de estructuras, manejo de fugas de fluidos, coordinar grupos de auxilio, dirigir evacuaciones,

Post, emergencia:

Recuperar limpiar y reparar el equipo empleado, análisis y discusión de las acciones realizadas, como se pueden mejorar los resultados, reconocimiento de las acciones sobresalientes y de los ejecutores.

**Se integra con jefes de Cuerpos de bomberos y operativos con mínimo 5 años de experiencia en 2º y 3er nivel.

11.10.- Logística.*

Labor preventiva.

La tarea de Logística es la aportación de todos los recursos humanos y materiales necesarios para resolver las situaciones de emergencias o desastre en donde asista la organización a la que pertenezca, los recursos los puede obtener de la institución de origen o por donaciones programadas para lo cual debe invitar a las empresas a aceptar ser donadores en situación de emergencias para la comunidad, a través de convenios de apoyo, en primer instancia: se puede recurrir a las Comités locales de ayuda mutua. CLAM:

Una segunda función es que en una situación de riesgo, emergencia o desastre, para la comunidad abierta, cualquiera que sea la causa, las organizaciones que conforman el CLAM. por convenio, aporten recursos para la solución de la emergencia, lo mismo pueden ser autorizando la participación de las brigadas internas de protección civil, en labores para la comunidad, o asesorando a los grupos respondientes en tareas de alto riesgo, o con personal calificado en diversas actividades de seguridad y auxilio entre otras: Prevención control y combate de incendios, atención pre hospitalaria, labores de salvamento y rescate, o con la donación de recursos de protección, o para reconstrucción de habitaciones dañadas, o permitiendo el uso de espacios para albergue temporal, Servicio médico de emergencia,

Durante:

Estará al pendiente de las solicitudes de personal y equipo transmitidas a través del puesto de mando tratando a la brevedad de satisfacer las peticiones,

Post. emergencia:

Con apoyo de trabajo social, hará una recopilación del número de personal, participante, materiales, equipos empleados, origen, cantidad, uso, destino, combustibles, herramientas, donatarios u origen de los materiales usados. elaboración de informe lo más pormenorizado posible para el mando superior y redacción del documento de agradecimiento a todas las instancias y personas que donaron algo o participaron de alguna manera.

"La revisión de la redacción de los escritos queda a cargo de la asesoría jurídica con apego a la normatividad vigente aplicable".

**El personal de esta coordinación debe ser egresado de escuelas de administración o ser personal que ya labora en tareas similares en grupos de auxilio y salvamento. especializados apoyado con un representante del grupo Esfera para la transparencia en el manejo de los donativos y recursos aplicados.

11.11.- Coordinación de trabajo social, Actividades)

Labores de Prevención

Preparación de formatos para censos de población vulnerada, habitaciones dañadas, porcentaje de daños, pérdida total o recuperable registro de participantes particulares, institucionales, empresas, sistemas vitales afectados.

Durante

Levantará un reporte de las actividades apoyándose en mapas de las zonas afectadas de acuerdo con análisis de daños señalando nivel de afectación y % de recuperación, Así como un Censo de sobrevivientes y su estado físico, quien se hizo cargo y destino final. apoyándose en las demás coordinaciones supervisara la instalación de albergues temporales, manejo de poblaciones desplazadas, control de alojamientos temporales, albergue a (familias y amigos) arrendamientos. viviendas temporales – prefabricadas,-- auto albergue, atención a solicitantes. Con apoyo de Logística y de la propia comunidad establece cocinas para raciones calientes, entrega de apoyos de abrigo y reconstrucción.

Post emergencia recopila toda la información y entrega un reporte final.

Se integra con egresados de las escuelas de Trabajo social., UNAM. y de otros centros.

11.12.-Seguridad: en apoyo de Análisis de daños

Delimita y garantiza la seguridad física de las personas y bienes en todas las áreas, incluyendo:

Puesto de mando,

Zonas de trabajo, pasillos de acceso,

Zona de (Triage). atención y evaluación médica,

Área de pernocta para el personal

Albergue temporal con su logística apropiada.

Noria de vehículos para traslado de pacientes manejo del tránsito, vehicular y peatonal. control de traslados,

Área de descontaminación si fuera necesaria

Zonas de alto riesgo; depósito de cadáveres.

Almacén de insumos, S.U.M.A. y lo que sea necesario.

Se integra con elementos de: la Secretaría de Seguridad Pública en la sección de protección y vialidad y brigadas de vigilancia vecinal.

11.13.- Servicios generales: Actividades:

Durante

Instalación de albergue temporal, Nivelación de terreno, adecuación de vialidades, iluminación eléctrica, instalación hidráulica, drenaje, fosas sépticas, letrinas, fosas para cadáveres, Colocación de divisiones, casas de campaña, catres, colchones, mantas.

Instalación médica y las áreas necesarias.

Dotación de agua potable:

Tomando en cuenta, distancia de la fuente, potabilidad, transporte, instalación de tanques o cisternas, distribución, control de contaminación, Número de colonias por milímetro cúbico Instalación y equipamiento de cocinas, gas, mesas de trabajo, área de alimentación depósito de vituallas, menaje. Instalación de áreas de aseo, regaderas, sanitarios o letrinas comunitarias y manejo final de excretas. Aprovechamiento de aguas servidas. Recolección, transporte y disposición final de desechos sólidos, escombro y material de demolición.

El manejo y transporte de escombro, colecta de desechos sólidos y su destino final, usando sus transportes y maquinaria.

Después

Levantamiento de instalaciones,

Se integra con personal de la dirección de parques y jardines y la dirección de limpia y transportes e intendencia del Gobierno Municipal.

11.14.- Relaciones públicas y Comunicaciones.

Proyección y difusión:

Prevención.

Contacto con medios e instituciones

Recopilación de Información después de ser lanzada la alerta.

Fuentes.

Información solicitada a distancia:

Radio telefonía, celular, enlaces institucionales, estaciones de radio, Internet, onda corta radio aficionados, informes oficiales, (reales). Tipo de evento, origen, numero aprox. de víctimas, población vulnerada daños a sistemas vitales, áreas habitables, actividad principal vialidad, red eléctrica red hidráulica, drenaje, ductos de hidrocarburos, abastos, identificación % de áreas dañadas y ubicación en los planos de zona, áreas multifamiliares y unifamiliares, centros de culto, mercados, plazas comerciales, centros de abasto, áreas industriales, áreas de gobierno, empresariales o bancarias, áreas hospitalarias, áreas de reunión multitudinaria, áreas escolares, aeropuertos, centrales de autobuses, sistema de transporte metropolitano instalaciones militares, núcleo, termo o hidroeléctricas.

Durante

Instalación de sala de prensa recopilación de información emisión de boletines de prensa.

Comunicados e informes de prensa. crear canal de información para familiares que no están próximos y para información de necesidades especificas

post. desastre

Informe final de acciones relevantes y distinguidas los grupos

Se integra con alumnos de pregrado de escuelas de Comunicación social y Periodismo en periodo de servicio social. Escuelas de Comunicación. Social y Periodismo de la región,

Su función es establecer convenios y acuerdos con Instancias de gobierno y con las instituciones de educación superior, Colegios y Asociaciones de profesionistas y especialistas, ási mismo con empresas de la iniciativa privada, O.N.G. (s) grupos vecinales para garantizar la participación social.

11.15.- Identificación de roles:

Administración o gerencia de desastres o emergencias

1.- Director del Comando Unificado o Coordinador general (Líder 1)

Identificación

Chaleco reflejarte blanco, casco blanco Clave radial (blanco) **Ubicación:** Puesto de mando con secretaria y asistente de, comunicaciones,

Misión:

Mantener las operaciones en su más alto nivel de efectividad y la coordinación y trabajo de las diversas instituciones participantes. Supervisar las relaciones y comunicaciones, la coordinación de operaciones, logística, y medicina de desastres, secretaria, vehículo y operadores disponibles;

2.- Jefe operativo: (Líder alfa) Jefe: Médico especializado en desastres

Identificación: Chaleco reflejarte azul casco azul,

Misión: Supervisión de operaciones y desempeño de los equipos con especial atención en el grupo de salvamento y rescate, en comunicación radial continúa con puesto de mando, triage y trabajo social, para control del maneo de víctimas

3.- Responsable de operaciones (Líder 2) Chaleco reflejarte verde **Ubicación**: en la zona de riesgo

Misión: Supervisar las acciones, necesidades y resultados de los grupos operativos, mantener informado al puesto de mando..

4.- Cuerpo de Asesores especializados: Clave radial (Amarillo 1)

(Ingeniería de desastres

Misión: Evaluación de daños supervisión de operaciones.

5.- Logística, Clave radial (verde 1)

Misión: atención de las necesidades en las áreas de trabajo.

Unidad de control de aplicación de recursos (SUMA)

6.-Coord. de trabajo social. control estadístico I Clave radial (rosa)

Coord. Relaciones Públicas y Comunicaciones. Clave radial; (Dorado)

Coord. de Seguridad, clave radial (Negro)

Servicios generales clave radial; (Café)

Unidades de salvamento y rescate overol rojo

Asesorías; jurídica y operativa.

El personal integrante de las coordinaciones se identificará con un chaleco reflejarte de dos colores, en ángulo la mitad del color de su coordinación y la otra mitad rojo.

CAPÍTULO 12

Resiliencia.

> Definición
> La resiliencia es un proceso dinámico
> Optimiza los recursos humanos y permite sobreponerse a las situaciones adversas.
> Kotliarenco, María Angélica y Cáceres, Irma. (2011

Resumen:

En todas las partes de nuestro país las instituciones y los elementos respondientes a los efectos de los fenómenos perturbadores actúan después de los eventos ya que no existe un plan de acciones preventivas apegadas a los resultados de los estudios de instituciones tan serias como el Cenapred, para prevenir los efectos de los fenómenos naturales cíclicos o antropogénicos fortuitos, estadísticamente probables.

En base a la importancia de aprovechar la información sobre vulnerabilidad, es necesario en primer lugar, despertar a las comunidades de la aceptación hipnótica que generan los efectos cíclicos del fenómeno perturbador; Ejemplo de ello son los habitantes de las faldas del volcán Popocatépetl, o los pobladores que se asentaron en las zonas inundables de las márgenes o causes de los ríos en Tabasco u otros estados de la Republica, que ya saben que riesgo viven, están conscientes de que cada año sufren daño sus bienes materiales y que su vida corre riesgo, pero parece no importarles, porque no se mueven del lugar en el que construyeron sus casas, por lo cual los mandos de los grupos respondientes institucionales empresariales o voluntarios de cualquier parte del país deben hacer una revisión cuidadosa de los riesgos asentados en el Atlas elaborado por el Cenapred, desarrollando labores de concientización preventiva y de respuesta activa en situación de riesgo,.

La resiliencia de una población parte definitivamente de qué los responsables institucionales autoridades y (mandos de grupos) tengan la voluntad política y sensibilidad para asignar una función interactiva a todas las instancias co participantes en planes en los que deben estar involucrados todos los grupos sociales a cualquier nivel con una amplia difusión, al efecto las acciones operativas especializadas, deben estar encomendadas a un Grupo Especial de Reacción Inmediata integrado por especialistas de alto nivel.

Capítulo 12.- Resiliencia.

Antecedentes

Cada núcleo de población, instalación industrial, empresarial, comercial, educativa, de investigación, o de cualquier índole que se ubica en el territorio nacional tiene características y riesgos particulares, ya sean naturales, o propias por la actividad que se dedique.

Los daños a la población fija o flotante, o a la infraestructura, que provoquen los agentes agresores serán el resultado de las acciones de prevención y auto protección, equipamiento o preparación que las autoridades y la población en forma conjunta hayan implementado,.

Promover la capacidad de resiliencia de las comunidades vulnerables es tarea de las autoridades y de los líderes naturales de las diversas áreas, a través de campañas de concientización es necesario desarrollar una campaña de concientización y motivación de que pueden protegerse de una situación de riesgo, esto es, no solo meterse debajo de una mesa en un sismo o participar en un simulacro de evacuación en el que abandonan su área de trabajo por un momento, mismo que aprovechan para comentar los resultados del último partido de futbol, sino de que se convenzan de que es posible minimizar los efectos de cualquier evento que pudiera presentarse aceptando que los daños que se viven no es voluntad de una entidad etérea, sino de que las comunidades no ejercen la cultura de la auto protección, misma que debe iniciase en el jardín de niños a través de el condicionamiento en acciones seguras tanto para los infantes como para las madres de familia, aplicando este entrenamiento tanto en las escuelas como en los hogares, además de estas capacitaciones, se deben iniciar otras acciones prioritarias inmediatas como la creación de un mecanismo de reacción inmediata I.S.C.(Integración Sistema de Comando) con capacidad para establecer un puesto de mando en cada zona critica, con la participación de especialistas de acuerdo al riesgo o daño, apoyándose en su momento en las brigadas internas de protección civil locales, las acciones a desarrollar son múltiples por lo que debe contase con personal experimentado y calificado en cada tarea, de las cuales anotamos las siguientes por orden de prioridad.

12.1.- Importancia de la Interacción de los medios de comunicación:

Los medios: Prensa, radio y televisión en las áreas siniestradas tienen una doble función, en un principio, la de informar a la comunidad no involucrada de lo que ha ocurrido; En un segundo tiempo, señala la participación de los pobladores ilesos y de grupos voluntarios, más tarde informa de las causas que dan motivo a la emergencia, toma nota de las instancias oficiales respondientes, así mismo participa en las operaciones de socorro mediante la distribución de instrucciones, informando al público de zonas controladas, del curso de las acciones y los riesgos que existan, pero también para denunciar responsabilidades o destaca la buena organización de la cadena auxilio implementada, en el mismo tenor, difunde información del estado físico de la población vulnerada y las solicitudes de los médicos a cargo sobre necesidades de equipo, o de personal especializado nacional o extranjero para resolver las situaciones a las que se enfrentan, de ahí la importancia de que la información que les entregue el vocero autorizado en la sala de prensa, sea absolutamente veraz., una información no fundamentada o falsa genera descredito para los grupos que están operando en el área y provoca que el periodista busque otras fuentes lo que motiva que la información salga de los causes de veracidad para beneficio de oportunistas vivales,

El periodista busca información concreta personalizada con una perspectiva clara y definida de hechos; la presencia de los medios, y la transmisión de información justifica en sus países de origen la necesidad de enviar equipos de rescate por lo que los medios deben ser considerados como. un elemento de auxilio muy importante en las tareas de apoyo debiendo contar con una sala de prensa con todo lo necesario apoyados por un vocero oficial que será el vínculo entre el director del comando de incidentes y la prensa, con una sola recomendación que se unan al código de ética respecto a la privacidad de la población vulnerada, Las primeras 24 horas son cruciales la imagen del grupo respondiente la da la información que difunden los medios de la tarea que se esté realizando, creando un parámetro determinante por lo que es importante que un portavoz de alto rango responda rápidamente a los representantes de los medios, Evitando: el silencio a los cuestionamientos, negar información, declaraciones fuera de lugar, prepotencia o falta de humildad para reconocer fallas, descargar responsabilidades, o acusar de fallas personalizando a ausentes de errores evitando el yoismo.

Es importante actualizar la información sobre de las víctimas su estado físico, su destino o ubicación, si fueron desplazados o evacuados por alguna razón, para los medios haciendo énfasis sobre las causas de la emergencia, sus efectos sobre la población y el medio ambiente los o el plan de acción, y el balance actualizado de los trabajos realizados, y de los costos políticos sociales, económicos sobre la comunidad, los apoyos recibidos y las necesidades reales para las solicitudes y de ser posible establecer un medio de comunicación para las familias lejanas. Lo que disminuye el trauma psicológico, Promueve la restauración social, Participa en el mantenimiento del orden **La comunicación debe ser organizada por**

el comandante de las operaciones de socorro y el Director.

12.2.- Análisis de riesgos.

A efecto de realizar un adecuado diagnóstico de riesgos en una zona geográfica determinada es fundamental contar con un perfil estadístico de los riesgos cíclicos o fortuitos que sufre la región además de un resumen de las pérdidas de vidas humanas y de los daños materiales; las cifras relativas aumentan año con año, en función del incremento de la intensidad de los fenómenos perturbadores sobre poblaciones o zonas vulnerables, en el diagnostico intervienen varios aspectos: Los cambios físicos, actividad económica preponderante en la zona, cambios en los ecosistemas, cambios en las marcos culturales, incluso de la aceptación de la imagen étnica de los propios pobladores, aumento en las vías de comunicación, crecimiento demográfico y de la industrialización y muchos factores mas

Todos ellos cambiantes en el tiempo, la interacción de factores nos van a permitir realizar el análisis y un diagnóstico más veraz y apegado a la realidad aunque en un breve espacio de tiempo, todo estudio debe ser actualizarlo porque reflejan la interacción entre los fenómenos naturales y el entorno y la de éstos con los sistemas físicos y sociales producidos por el hombre.

Un estudio de peligro es una revisión de los riesgos locales y depende de las características específicas de cada región, como son tiempo, cantidad, tipo, Particularmente importantes son los efectos del fenómeno que modifican e incrementan el riesgo, por lo que los diagnósticos y los mapas resultantes se vuelven rápidamente obsoletos.

La cartografía de peligros ofrece una amplia gama de posibilidades de representación. De los resultados de los estudios de peligro y de riesgo, en los que se identifican los tipos e intensidades de los eventos que pueden ocurrir.

Los responsables de grupos respondientes deben contar con cuando menos un mapa de riesgos y un mapa de cada uno de los peligros específicos de la región, a la que le prestan servicio, lo que les va a permitir tener una visión general de la zona, ese mapa regional da pie a la integración de planos municipales. Mapa estatal hasta llegar al mapa nación, en el que cada fracción tendrá la misma metodología y técnico cartográfica, de elaboración,

12.3.- La terminología básica:

Para la elaboración de este mapeo los términos a emplear deben ser los apuntados en el glosario de términos del Cenapred en el que se toman en cuenta algunos parámetros como son:}

Magnitud:	Potencial de destrucción,
Intensidad;	Fuerza con la que afecta una zona específica.
Vulnerabilidad.	Probabilidad de afectación o daño
Periodos de retorno:	Lapso de repetición del fenómeno
Riesgo: =	**Peligro x exposición x vulnerabilidad. R= P x E x V**
Peligro:	Posibilidad de daño de una zona por un fenómeno perturbador:

12.4.- Estadística de daños.

La estimación de los efectos de los daños cíclicos sobre los sistemas vitales o núcleos urbanos es una tarea a la que le han puesto mucha atención las compañías de seguros definiendo el costo de las pérdidas económicas lo que incluye: daños a la agricultura, ganadería, aviculturas ya que no existe la práctica formal de realizar una cuantificación de los bienes y las pérdidas en vidas, por estas razones, las estadísticas disponibles implican elevados márgenes de error, los estudios de las aseguradoras califican como grandes desastres, a los que han producido más de mil víctimas o pérdidas económicas superiores a mil millones de dólares, esta evaluación económica se inicia en 1976 las perdidas más importantes en vidas se dan por los efectos de fenómenos naturales (sequías e inundaciones, tsunamis y sismos) en África y Asia y algunos antropogénicos como Chernobil, Nueva Orleans, Fukushima,

Desde el punto de vista histórico la fuente más importante de informaron de la repetición cíclica de desastres desde la prehistoria es la arqueología además de los mitos y leyenda, en este punto los mandos deben estar informados de los fenómenos cíclicos estadísticamente probables en su zona y de los efectos sobre los sistemas vitales o población vulnerable, así como de los fortuitos eventos antropogénicos socio organizativos, generados por la destrucción de los nichos ecológicos, provocados por la globalización a ultranza de la época actual.

12.5.- Recuperar la capacidad de reacción:

En todas las partes de nuestro país las instituciones y los elementos respondientes a los efectos de los fenómenos perturbadores actúan después de los eventos ya que no existe una consciencia real de parte de los responsables para aplicar medidas preventivas reales apegadas a los resultados de los estudios de instituciones tan serias como el Cenapred, fundamentales para prevenir los efectos de los fenómenos naturales cíclicos o antropogénicos fortuitos, estadísticamente probables.

En base a la importancia de aprovechar la información sobre vulnerabilidad de las diversas áreas de riesgos de nuestro país, es necesario en primer lugar despertar del acostumbramiento hipnótico que generan los efectos cíclicos anuales del fenómeno perturbador ejemplo de ello son los habitantes de las faldas del volcán Popocatépetl, o los pobladores que se asentaron en las zonas inundables de las márgenes o causes de los ríos de diversas partes del país que ya saben que riesgo viven pero que no están conscientes de que pueden perder sus bienes materiales y probablemente la vida pero parece no importarles, porque no se mueven del lugar en el que construyeron sus casas por lo cual cada uno de los mandos de los grupos respondientes institucionales empresariales o voluntarios de cualquier parte del país debe revisar los niveles de vulnerabilidad a los diversos tipos de riesgos probables en su zona, desarrollando labores de concientización preventiva y de respuesta activa en situación de riesgo, con una revisión cuidadosa de los riesgos asentados en el Atlas elaborado por el

Cenapred, la siguiente es una revisión sucinta de los riesgos probables.

12.6.- Riesgos genéricos:

Para proyectar mecanismos de prevención y respuesta a los efectos de los fenómenos perturbadores cíclicos o fortuitos en cualquier región, tenemos que partir de un análisis de vulnerabilidad a los impactos que ya ocurren, con esos resultados, motivar el interés social de las autoridades en turno con una visión honesta a largo plazo y con un sentir humanista real lejos del populismo vacío de los grupos de presión y a los intereses bastardos y perversos de los grupos de poder, promover la acción legislativa real, estableciendo como obligatorio que cada núcleo urbano, unidad habitacional, empresa, industria, escuela, oficial, privada, negocio, o instalación oficial, de todo nivel tenga físicamente, no solo en el papel programas de prevención, y respuesta para evitar pérdidas de vidas y daños económicos aprovechando o la capacidad de resiliencia de la población fija flotante y abierta de las comunidades.

La importancia de los efectos de los fenómenos perturbadores naturales o antropogénicos varían por la afectación directa sobre los núcleos de población o por el deterioro provocado a las instalaciones vitales sobre las que actúan; Un tsunami, con olas de 10 metros. o un sismo de gran intensidad, una voladura incendio y explosión de un gasoducto en una zona desértica pasaran desapercibidos incluso para las autoridades y los especialistas del área, pero si ocurre en una zona densamente poblada con infraestructura de respuesta y alto poder económico, los efectos, la respuesta y atención de los medios va a ser totalmente diferente, calificando cada evento seguramente de gran desastre, según las vías de comunicación dañadas, daños económicos provocados en cosechas afectadas, animales muertos, numero de pobladores afectados

Al respecto revisemos someramente los efectos de cada una de los riesgos.; iniciemos con los efectos de los Riesgos Geológicos.

12.7.- Riesgos geológicos.

a). Sismicidad.

b). Vulcanismo.

c). Tsunamis.

d) Movimientos del terreno.

a.- Sismicidad:

Fenómeno geológico: Es todo fenómeno que tiene su origen en el interior de la tierra, o sus formaciones que pueden ser denominados: sismicidad, vulcanismo, tsunamis, movimientos de laderas y suelos provocados por el movimiento Inter placas y de los materiales incandescentes del interior de la tierra, ejemplo de movimiento de inter placas son los sismos y algunos de los tsunamis de los que se tiene registro. para tener una idea de la magnitud de la energía liberada en dichos movimientos geológicos, acudimos a la escala de Richter o escala de magnitud local (M_L): La escala sismológica de Richter, es una escala logarítmica arbitraria que asigna un número para cuantificar la energía liberada en un terremoto denominada así en honor del sismólogo estadounidense Charles Richter (1900-1985). Fue desarrollada por Charles Richter con la colaboración de Beno Gutenberg en 1935, ambos investigadores del Instituto de Tecnología de California, con el propósito original de separar el gran número de terremotos pequeños de los menos frecuentes terremotos mayores observados en California en su tiempo, la escala fue desarrollada para estudiar únicamente aquellos terremotos ocurridos dentro de un área particular del sur de California cuyos sismogramas hubieran sido recogidos exclusivamente por el sismómetro de torsión de Wood-Anderson. Richter reportó inicialmente valores con una precisión de un cuarto de unidad, sin embargo, usó números decimales más tarde.

A = amplitud de las ondas en milímetros, tomada directamente en el sismograma

$\Delta t\, M = \log A + 3\, \log(8\Delta t) - 2.92$ = tiempo en segundos desde el inicio de las ondas P (Primarias) al de las ondas S (Secundarias).

M = magnitud arbitraria pero constante a terremotos que liberan la misma cantidad de energía:

La sismología mundial usa esta escala para determinar la magnitud de sismos de una magnitud entre 2,0 y 6,9 y de 0 a 400 kilómetros de profundidad, los sismos con intensidades superiores a los 6,9 se miden con la escala sismológica de magnitud de momento

El uso del logaritmo en la escala es para reflejar la energía que se desprende en un terremoto. El logaritmo incorporado a la escala hace que los valores asignados a cada nivel aumenten de forma logarítmica, y no de forma lineal. Richter tomó la idea del uso de logaritmos en la escala de magnitud estelar, usada en la astronomía para describir el brillo de las estrellas y de otros objetos celestes. Richter arbitrariamente escogió un temblor de magnitud 0 para describir un terremoto que produciría un desplazamiento horizontal máximo de 1 µm en un sismo grama trazado por un sismómetro de torsión Wood-Anderson localizado a 100 km de distancia del epicentro. Esta decisión tuvo la intención de prevenir la asignación de magnitudes negativas. Sin embargo, la escala de Richter no tenía límite máximo o mínimo, y actualmente habiendo sismógrafos modernos más sensibles, éstos comúnmente detectan movimientos con magnitudes negativas, debido a las limitaciones del sismómetro de torsión Wood-Anderson usado para desarrollar la escala, la magnitud original M_L no puede ser calculada para temblores mayores a 6,8. Varios investigadores propusieron extensiones a la escala de magnitud local, siendo las más populares la magnitud de ondas superficiales M_S y la magnitud de las ondas de cuerpo M_b. El mayor problema con la magnitud local M_L o de Richter radica en que es difícil relacionarla con las características físicas del origen del terremoto. Además, existe un efecto de saturación para magnitudes cercanas a 8,3- 8,5, debido a la ley de Gutenberg-Richter del escalamiento del espectro sísmico que provoca que los métodos tradicionales de magnitudes (M_L, M_b, M_S) produzcan estimaciones de magnitudes similares para temblores que claramente son de intensidad diferente.

A inicios del siglo XXI, la mayoría de los sismólogos consideró obsoletas las escalas de magnitudes tradicionales, siendo éstas reemplazadas por una medida físicamente más significativa llamada momento sísmico, el cual es más adecuado para relacionar los parámetros físicos, como la dimensión de la ruptura sísmica y la energía liberada por el terremoto. En 1979, los sismólogos Thomas C. Hanks y Hiroo Kanamori, investigadores del Instituto de Tecnología de California, propusieron la escala sismológica de magnitud de momento (M_w), la cual provee una forma de expresar momentos sísmicos que puede ser relacionada aproximadamente a las medidas tradicionales de magnitudes sísmicas.[1] La mayor liberación de energía que ha podido ser medida fue durante el terremoto ocurrido en la ciudad de Valdivia (Chile), el 22 de mayo de 1960, el cual alcanzó una magnitud de momento (M_w) de 9,5. Richter definió una escala como la manera de medir el tamaño real de un sismo y tiene que ver con la cantidad de energía liberada y es independiente de la localización de los instrumentos que lo registren, la diferencia de un grado de magnitud entre dos sismos cualesquiera implica en términos de energía liberada con una diferencial de 32 veces.

Un sismo de magnitud	8	equivale en términos de energía liberada a:
32 sismos de magnitud	7	1000 sismos de magnitud 6 equivalen a
32,000 sismos de magnitud	5	ó 1'000,000 de magnitud 4

Por tanto, es fácil notar que un sismo de magnitud 4, como los que llegan a ocurrir varias veces por semana a lo largo de la costa occidental de México, no es la mitad de uno de magnitud 8, el que se presenta una vez cada varias décadas en dicha región.

b.- Intensidades sísmicas

La intensidad de un sismo en un lugar determinado, se evalúa mediante la Escala Modificada de Mercalli (tabla 5) y se asigna en función de los efectos causados en el hombre, en sus construcciones y en el terreno.

Escala de intensidad Mercalli-Modificada abreviada.

Grado	Intensidad
I.	No es sentido, excepto por algunas personas bajo circunstancias especialmente favorables
II.	Sentido sólo por muy pocas personas en posición de descanso, especialmente en los pisos altos de los edificios. Objetos delicadamente suspendidos pueden oscilar.
III.	Sentido muy claramente en interiores, especialmente en pisos altos de los edificios, aunque mucha gente no lo reconoce como un terremoto. Automóviles parados pueden balancearse ligeramente. Vibraciones como al paso de un camión. Duración apreciable
IV	Durante el día sentido en interiores por muchos, al aire libre por algunos. Por la noche algunos despiertan. Platos, ventanas y puertas agitados; las paredes crujen. Sensación como si un camión pesado chocara contra el edificio. Automóviles parados se balancean apreciablemente.
V.	Sentido por casi todos, muchos se despiertan. Algunos platos, ventanas y similares rotos; grietas en el revestimiento en algunos sitios. Objetos inestables volcados. Algunas veces se aprecia balanceo de árboles, postes y otros objetos altos. Los péndulos de los relojes pueden pararse.
VI.	Sentido por todos, muchos se asustan y salen al exterior. Algún mueble pesado se mueve; algunos casos de caída de revestimientos y chimeneas dañadas. Daño leve.
VII.	Daño insignificante en edificios de buen diseño y construcción; leve a moderado en estructuras comunes bien construidas; considerable en estructuras pobremente construidas o mal diseñadas; se rompen algunas chimeneas. Notado por algunas personas que conducen automóviles.

Escala de intensidad Mercalli-Modificada abreviada cont.

VIII	Daño leve en estructuras diseñadas especialmente para resistir sismos; considerable, en edificios comunes bien construidos, llegando hasta colapso parcial; grande, en estructuras de construcción, pobre. Los muros de relleno se separan de la estructura. Caída de chimeneas, objetos apilados, postes, monumentos y paredes. Muebles pesados volcados. Expulsión de arena y barro en pequeñas cantidades Cambios en pozos de agua. Cierta dificultad para conducir automóviles.
IX.	Daño considerable en estructuras de diseño especial; estructuras bien diseñadas pierden la vertical; daño mayor en edificios sólidos, colapso parcial. Edificios desplazados de los cimientos. Grietas visibles en el suelo. Tuberías subterráneas rotas.
X.	Algunos estructuras bien construidas en madera, destruidas; la mayoría de estructuras de mampostería y marcos destruidas incluyendo sus cimientos; suelo muy agrietado. Rieles torcidos. Corrimientos de tierra considerables en las orillas de los ríos y en laderas escarpadas. Movimientos de arena y barro Agua salpicada y derramada sobre las orillas.
XI	Pocas o ninguna obra de albañilería quedan en pie. Puentes destruidos. Anchas grietas en el suelo. Tuberías subterráneas completamente fuera de servicio. La tierra se hunde y el suelo se desliza en Terrenos blandos. Rieles muy retorcidos.
XII.	Destrucción total. Se ven ondas sobre la superficie del suelo. Líneas de mira (visuales) y de nivel deformadas. Objetos lanzados al aire.

(Bolt, 1978) 36 SISTEMA NACIONAL DE PROTECCIÓN CIVIL)

Mapas sísmicos.

Para visualizar los daños y efectos a nivel regional, producidos por un sismo de magnitud importante, la elaboración de mapas de intensidades sísmicas resulta de gran utilidad, en ellos se presentan curvas, llamadas isosistas, que separan zonas con distintos grados de intensidad y que permiten comparar las áreas y niveles de afectación producto de un evento en particular, como resultado de la superposición de todos los mapas de intensidades de sismos mexicanos disponibles hasta ahora

(1957, 1962 y 1989) y ninguno de gran magnitud. Se estima que podrían ocurrir uno o dos terremotos de magnitud 8 o bien entre 2 y 4 de magnitud 6 de los sismos de gran magnitud (M≥7), ocurridos durante el siglo XX en la República Mexicana (anexo1) Aproximadamente el 77% de esos eventos tuvo su origen a profundidades menores que 40 Km. lo que, aunado a sus magnitudes y frecuencia de ocurrencia, implica un nivel de peligro considerable, estos grandes sismos se concentran principalmente en la costa occidental, entre Jalisco y Chiapas, así como a lo largo del Golfo de California y parte norte de la península. Algunos autores afirman que cada año ocurren en la Tierra cerca de un millón de sismos, desde aquellos que escapan a la detección con instrumentos altamente especializados hasta los que generan destrucción de inmuebles,

Nuestro país cuenta con datos históricos acerca de sismos a partir del siglo XIV, (Los sismos en la Historia de México de Virginia García Acosta y Gerardo Suárez Reynoso, ed. Ediciones Científicas Universitarias 1996) periodo corto en comparación con los de algunos países asiáticos o europeos. Dicha información resulta de gran valor para conocer, no sólo los daños producidos, sino muy aproximadamente las zonas de origen de los temblores en épocas en que se carecía de instrumentos de registro, aunque los reportes sólo cubren áreas habitadas en esas épocas. El dibujo que se incluye en la obra muestra el glifo tlalollin o temblor de tierra, que resulta de la asociación del glifo tlalli o tierra (rectángulo punteado y el glifo ollin o movimiento (aspas). Al centro del ollin aparee el "ojo de la noche".Tlalollin está unido con un lazo gráfico al cuadrete cronológico que indica la fecha indígena uno pedernal, el cual corresponde, según la glosa en español, a 1480. De acuerdo con Fuentes (1987:181), la "lectura pictográfica sería: "en el año uno pedernal hubo un temblor de tierra durante la noche".

(Códice Telleriano- Remensis, lámina XVII) Brecha sísmica de Guerrero Con base en estudios recientes, se ha llegado a la conclusión de que la zona con mayor potencial sísmico en el país, se encuentra a lo largo de la costa de Guerrero. En esa zona ocurrieron grandes temblores en 1899, 1907, 1908, 1909 y 1911. Después de ese periodo de gran actividad, se han presentado pocos temblores de magnitud intermedia magnitud 7.8. Aunque se conoce el tamaño posible de los sismos, no es posible precisar la fecha de ocurrencia, respectivamente, con epicentros en el estado de Jalisco. El primero de ellos es el sismo más grande ocurrido en México durante el siglo XX. Ambos produjeron tsunamis que afectaron principalmente las costas de Colima. Sin embargo, como consecuencia de un sismo con magnitud significativamente menor que los dos anteriores (Ms 6.9), ocurrido el día 22 en las costas de ese estado, se produjo uno de los tsunamis más destructivos en la historia de nuestro país, con olas de hasta 10 m de altura y que llegaron hasta 1 km tierra adentro en Cuyutlán, Colima.

b.- Vulcanismo.

(El riesgo volcánico en México)

La evaluación y la representación del riesgo volcánico plantea un problema complejo que involucra varios componentes, el peligro volcánico puede representarse de varias formas, la más utilizada es en forma de un mapa donde se muestran los alcances más probables de las diferentes manifestaciones volcánicas, para su elaboración, primero se identifican, con base en la información geológica disponible obtenida del estudio de los depósitos de materiales arrojados en erupciones en las regiones que han sido afectadas por erupciones previas.

La información anterior, conjuntamente con los datos topográficos que permiten prever las trayectorias de algunos de los productos volcánicos, se integra en un mapa de peligros o amenazas volcánicas, que debe incluir también las bases para delimitar las zonas de riesgo, las fuentes de datos, las suposiciones e hipótesis hechas durante la elaboración y las condiciones en las que puede aplicarse el mapa, los mapas de peligro o amenaza deben también distinguir entre los riesgos primarios, como los flujos piro clásticos, o las lluvias de fragmentos, describiendo sus velocidades, alcances, efectos sobre el hombre y el medio y los riesgos secundarios posibles, incluyendo todos aquellos efectos que pueden presentarse después de la erupción, como flujos de lodo o impactos sobre el medio.

Normalmente estos mapas se representan en escalas entre 1:50 000 y 1: 250 000, como ejemplos de mapas de peligros volcánicos, estos mapas han sido publicados por el Instituto de Geofísica de la UNAM, y pueden ser adquiridos a una escala más detallada en esa institución.

Conos cineríticos Nombre y Fecha (D/M/A) Tipo de erupción y efectos, en forma similar al Paricutín, nace (20 02 1943) de una fisura abierta en terrenos de la hacienda El Jorullo en el Estado de Michoacán, Emite abundantes cantidades de ceniza y lava, en las etapas iniciales posiblemente produjo alguna víctimas entre la población de una hacienda, que se encontraba aislada y muy cerca del lugar de nacimiento del volcán, Los flujos de lava destruyeron aldeas y 9 km² de tierras cultivables. En forma análoga nace el Xitle c. 470 A.C de una fisura en el campo volcánico monogenético de la Sierra de Chichinautzin, emite abundantes cantidades de ceniza, de lava que forman el pedregal de San Ángel, D.F. Causa la destrucción de la zona de Cuicuilco. El campo de lava formado por esa erupción cubre un área de 72 km². Localización: 19.25° N, 99.22° O

c.- TSUNAMIS:

A la secuencia de olas que se generan cuando cerca o en el fondo del océano ocurre un terremoto, se le denomina tsunami o maremoto, al acercarse a la costa estas olas pueden alcanzar alturas de varios metros y provocar grandes pérdidas humanas y materiales, la gran mayoría de los tsunamis tiene su origen en el contorno costero del Pacífico, es decir, en zonas de subducción, se generan cuando se presenta un movimiento vertical del fondo marino cuya profundidad sea menor que 60 km. Otras causas mucho menos frecuentes de tsunamis son las erupciones de volcanes submarinos, impacto de meteoritos o deslizamientos de tierra bajo el mar, los tsunamis se clasifican en locales, cuando el sitio de arribo se encuentra dentro o muy cercano a la zona de generación, regionales, cuando el litoral invadido está a no más de 1000 km, y lejanos, cuando se originan a más de 1000 km. La estadística de maremotos ocurridos en la costa occidental de México es poco precisa, ya que excepto algunos lugares, por ejemplo Acapulco, antes del siglo XIX esta región tuvo una muy escasa población y por otra parte, la operación de la red de mareógrafos con que se registran tales fenómenos comenzó a funcionar hasta 1952. Para las costas de Baja California, Sonora y Sinaloa se considera en términos generales que la altura de ola máxima esperable es de 3 m, mientras que en el resto de la costa occidental dicha altura es hasta de 10 m. Dado que en el Golfo de California el movimiento entre placas es lateral y el componente vertical en el movimiento del fondo marino es mínimo, se esperaría que no se produjeran tsunamis locales.

Transmisión de datos.

Uso adecuado de las unidades para transmisión de datos

Cuando se transmiten datos es frecuente mezclar los términos propios de la medida de magnitud (energía) e intensidad (efecto) confundiendo ambos términos, se lee o escucha: el sismo fue de 3,7 grados, para expresar la magnitud, cuando esa unidad o término es propia de la medida de <u>intensidades</u> en la Escala de Mercalli, en la que no existen valores decimales.

o también se lee que "El terremoto tuvo una magnitud de 3,7 grados,"[8] que resulta igualmente confusa, pues viene a ser como decir que *el corredor de maratón recorrió una distancia de 2 horas y 15 minutos.*

Se pueden evitar estos errores, diciendo "*El terremoto tuvo una magnitud de 3,7, o alcanzó los*

3,7 en la escala de Richter", aunque esta segunda expresión no es del todo correcta, pues desde hace algún tiempo la magnitud de los terremotos se mide con la escala de magnitud de momento, coincidente con la escala de Richter solamente en los terremotos de magnitud inferior a 7,0.º

RIESGOS HIDROMETEOROLÓGICOS.

a).- Ciclón tropical

b).- Erosión, vientos y Tornados

c).- Huracanes

d).- Inundaciones

e).- Sequías

f).- Tormenta de granizo y nevada.

a). Ciclón tropical

Los ciclones o tormentas tropicales se forman cuando una tormenta menor comienza a absorber energía de los océanos cálidos normalmente durante el verano y otoño, los huracanes y tormentas tropicales llevan asociados los siguientes fenómenos: vientos muy fuertes, lluvias torrenciales, tormentas eléctricas, tornados y grandes olas rompientes con subida del nivel del mar en las zonas costeras, en un determinado momento sus vientos se organizan y comienzan a girar con fuerza, entorno a un centro; Paralelamente el sistema forma bandas de lluvias y tormentas concéntricas que se desplazan en masa según los vientos predominantes, cuando adquiere unas mayores dimensiones y sus vientos alcanzan los 120km/h comienza a llamarse huracán que según su fortaleza se clasifican en cinco categorías,

Según indica el **National Hurricane Center** la nueva escala es vigente a partir de 15 de mayo de 2012, para el Océano Pacífico Océano Pacífico Nor-Oriental y Golfo de California, mientras que se emplea a partir del 1 de junio de 2012 en el Océano Atlántico, Golfo de México y el Mar Caribe.

Un Listado sucinto de los huracanes más impactantes que han azotado a México

Es la siguiente:

Escala Saffir Simpson Para huracanes		
Categoría	Velocidad del viento intensidad anterior	Intensidad nueva Velocidad del viento
1,	119-153 km/h 64—82 km /h 74 -85 mp/h	119- 153 km/h 64-82 km/h 74-95 km/h
2	154—177 km/h 83—95 km/h 96—110 km/h	154-177 km/h 83—95 km/h 86-110 km/h
3.-	178—209 km/h 96—113 km/h 111-130 km/h	178—208 km/h 96-112 km/h 111- 129 km/h
4.-	210—249 km/h 114—135 km/h 131—155 mph	209—251 km/h 113—136 km/h 130—156 mph
5.-	250 km/h o mayor 156 mph o mayor	252 km/h o mayor 157 mph o mayor

Con la nueva clasificación, las categorías 1 y 2 no registran cambios. La categoría 3 se alcanzará ahora con vientos sostenidos de 96 a 112 km ó 111 a 129 mph ó 178 a 208 km/h). La categoría 4 se registrará si las intensidades están entre los 113 a 136 km. (130 a 156 mph o 209 a 251 km/h). Y por último, la categoría 5 será medida con vientos entre los 137 km. o más (157 mph o más o 252 km/h o más).

El Centro Nacional de Huracanes ha indicado en el citado comunicado, que los anteriores huracanes de la historia no sufrirán ninguna modificación en cuanto a la intensidad de los vientos con los que tocaron tierra, es decir, este nuevo estatus será válido para las nuevas temporadas de huracanes siguientes.

Nombre	categoría	fecha	lugar
Janet	5 Saffir-Simpson	27 de septiembre de 1955	Chetumal Q. Roo
México:	Cat. 5	29 de octubre 19	Manzanillo
Beulah:	Cat. 5	16 de septiembre de 1967	Cozumel q. Roo
Liza:	Cat. 5	30 de septiembre de 1976	B cal.
Gilberto:	Cat. 5	14 de septiembre de 1988	Cancún Monterrey
Paulina:	Cat. 5	8 de octubre de 1997	Oax.—Acapulco
Wilma:	Cat. 4	21 de octubre de 2005	Cancún—Riviera Maya
Manuel e Ingrid	Cat 5	septiembre del 2014	Golfo –Pacifico
Patricia	Cat 5	Octubre 23 2014	Michoacán Jalisco

b. Riesgos hidro meteorológicos:

b).Inundaciones:

Riesgos de inundación en México

Fuente: Tercer Seminario Internacional de Potamología

Dr. Felipe I. Arreguín Cortés Agosto de 2011

Factores que intervienen para provocar una inundación:

Exposición + severidad + vulnerabilidad, = riesgo.

La estadística a nivel nacional de Tormentas intensas 407 en 1996 a 600 en 2011. Precipitación record de 639.9 Mm. en julio sep. 2010

Daños económicos 49 millones de pesos en 1994 a 8113.40 en 2010

Defunciones de 732 en 1995 a 99 en 2010

Origen:

a.- Falta de consciencia Legal, Económico, Social en las autoridades políticas, no Visualizan el riesgo para los pobladores dentro del plazo de su cargo, toman decisiones sin evaluar los efectos en el mediano y largo plazos, por ejemplo. dotar tierras para núcleos urbanos en zonas inundables.

b.- Se requiere una política de estado para ordenamiento del territorio que Integre el riesgo y control de inundaciones.

d.- Las inundaciones extraordinarias tienen una frecuencia de ocurrencia mayor a la permanencia de las autoridades municipales y/o estatales.

e.- El ordenamiento territorial y la administración de riesgos por inundaciones se incluyen en varias leyes (e instituciones) y reglamentos de los tres niveles de gobierno, que no facilita su aplicación coordinada.

f.- Instituciones que intervienen:

SEDESOL, SEGOB, SEDENA, SEMARNAT (CONAGUA), GOBIERNOS ESTATALES Y MUNICIPALES:

con una pobre cultura del aseguramiento en la sociedad, ya que el asegurador es el estado.

h.- Terrenos inundables susceptibles a ocupación principalmente por los sectores más pobres de la población.

i.- Percepciones equivocadas: Ambiental

k.- Deforestación de cuencas. invasión de lagunas de regulación, Obstrucción o desvío de cauces, Cambio en el régimen de escurrimiento.

1.- Cambio climático

1. **Técnico:**

2. Hemos perdido capacidad para la evaluación y determinación de riesgos fluviales, aludes, o flujos con una alta concentración de lodos.

3. Un territorio que no está inundado permanentemente puede ser usado, no utilizar los terrenos susceptibles a inundación en el estiaje es un desperdicio, no se deben construir estructuras fijas, pero sí se pueden desarrollar actividades agropecuarias.

4. Fuente: Felipe Arreguín/Comisión Nacional del Agua/Asociación Mexicana de Hidráulica Económico Social.

Programas aplicables:

Programa de control de inundaciones, cartografía (zonas de inundación)

meteorología, hidrología, potamología, recopilación y análisis impactos ambientales: deforestación, invasiones a zonas inundables, leyes y normas

(Fonden en, zonas federales) planes de desarrollo, de emergencia, de control de inundaciones, de protección civil, e atención a la salud, estudios climatológicos meteorológico.

Objetivos:

Riesgos, rentabilidad: económica, social, ambiental, política productos finales mareas modelos, estudios hidrológicos, potamológicos.

Propuesta de opciones:

- Acciones no estructurales con participación motivada de la comunidad.
- programas de convivencia con las inundaciones, viviendas, hospitales,
- pronóstico hidrológico y sistemas de alertamiento,
- Programa de seguridad de presas, programas ambientales: reforestación, Recuperación de suelos de salud,
- Recomendaciones de ordenamiento territorial y coordinación
- Interinstitucional, programas de reubicación, modificación de leyes y seguros manejo de cuencas, planes de emergencia,

Programa general de protección contra inundaciones.

Programas de drenaje pluvial: a los efectos del cambio climático e impulso a la ciencia y tecnología,

Propuesta de soluciones metropolitanas,

Cada una de las siguientes propuestas requiere un proyecto formal, con tiempo, presupuesto, asignación de responsable, enlaces y convenios con instancias corresponsables y un compromiso de las autoridades para su aplicación dejando fuera convenios económicos o de prebendas interpersonales, lo que está en juego es la vida y patrimonio de familias y comunidades.

Responsable comité técnico de operación de obras hidráulicas.

Gestión y análisis del riesgo: Capacitar personal en evaluación de zonas

Lectura de cartas de curvas de nivel, medición de azolves, limpieza de causes,

y de corrientes de agua,

Programar un uso eficiente del agua, Medición y predicción meteorológica

Control y Gestión de avenidas, desocupación de cauces con reasignación de espacios es zonas seguras, Manejo de las inundaciones

Acciones estructurales, fortalecer sistemas de seguros, participación de los afectados recuperación y reforestación de zonas de pendientes para fijar el manto de humus recuperación de zonas deforestadas Inundables,

Reinyección virtual con el uso de posos de recolección ubicados en los puntos de avenida, Control de basura.

Revisar la legalidad de procesos de compra-venta de predios en esteros, playas mangares, pantanos, bocanas, nichos y parques ecológicos, buscando el predominio del interés nacional, aplicar sanciones reales y efectivas a todo individuo transgresor de los derechos de la nación, cualquiera que se o haya sido su rango o cargo, eliminar el contubernio en la cesión de puestos por compromiso político. Limitar la expansión de la mancha urbana.

La humedad siempre está presente en la atmósfera, aun en los días que cielo está despejado. Esta corresponde a la cantidad de vapor de agua en el aire, cuando existe un mecanismo que enfría al aire, este vapor se condensa y se transforma al estado líquido en forma de gotas, o bien, al estado sólido como cristales de hielo ambos estados dan lugar a cuerpos muy pequeños (su diámetro es del orden de 0.02 mm) en conjunto forman las nubes.

Fenómeno	Efectos
Granizadas	Afectan zonas de cultivo, obstrucciones del drenaje y daños a estructuras en las zonas urbanas
Sequías	Pérdidas económicas a la ganadería y la agricultura
Nevadas,	muertes en los sectores de la población de bajos recursos económicos.
.La precipitación pluvial, llovizna, granizo o cellisca	. consiste de gotas de agua líquida con diámetro mayor a 0.5 mm.

Nieve	Gotas de 0.25 mm a 1 mm/h
Copos granizo	Constituido por cuerpos esféricos, cónicos cristales de hielo que comúnmente se unen o irregulares de hielo con un tamaño que varía de 5 a más de 125 mm
Cellisca	Granos sólidos de agua cuando se congela al atravesar una capa el aire con temperatura cercana a los 0° C.

Los principales fenómenos hidro meteorológicos que se presentan en el país, sus consecuencias y los riesgos que generan en distintas partes del territorio nacional se refieren a cualquier forma de agua, sólida o líquida, que cae de la atmósfera y alcanza a la superficie de la Tierra.

Tipos de precipitación.

a.- La lluvia ciclónica: La precipitación lleva el nombre del factor que causó el ascenso del aire húmedo, mismo que se enfría conforme se alcanza mayores alturas, es el resultado del levantamiento de aire por una baja de presión atmosférica.

b. Lluvia de frente cálido

Se forma por la subida de una masa de aire caliente por encima de una de aire frío. La orográfica, se da cuando las montañas desvían hacia arriba el viento sobre todo el que viene del mar.

c. Lluvia convectiva.

Se forma con aire cálido que ascendió por ser más liviano que el aire frío que existe en sus alrededores, esta última se presenta en áreas relativamente pequeñas, generalmente en zonas urbanas.

d. Tormentas de granizo, nevadas.

Para que ocurra la precipitación se requiere que en las nubes exista un elemento núcleo de condensación o de congelamiento que propicie la unión de pequeños cuerpos gotas de agua o cristales que forman las nubes, a un tamaño tal que su peso exceda a los empujes, la magnitud de los daños depende de su cantidad y tamaño, en las zonas rurales destruyen las siembras y plantíos y pérdida de ganado. En zonas urbanas afectan viviendas, construcciones y áreas verdes, se acumula en cantidad suficiente dentro del drenaje obstruye el paso del agua y generar inundaciones durante algunas horas.

Daños hidráulicos:

a.- Ruptura de ductos de agua potable, aguas negra, desborde de ríos y vasos reguladores, inundaciones con afectación de los sistemas vitales, zonas habitadas y daño a la actividad económica de la población.

b.- Erosión y pérdida de fertilidad del suelo

La degradación del terreno, a consecuencia de la erosión, afecta la fertilidad del suelo y en última instancia la producción de los cultivos, a pesar de que esta afirmación es de conocimiento general, pocos son los datos disponibles que cuantifican esta reducción, para el estudio de la relación entre erosión y pérdida de fertilidad se han utilizado ensayes simulados en invernadero; mediciones a nivel de campo, en áreas con diferentes grados de erosión, la metodología de simulación de erosión, a pesar de que probablemente es más drástica que el proceso natural de erosión, es conveniente porque se obtienen resultados a corto plazo en relación al proceso natural que necesita de un tiempo relativamente largo para producir diferentes grados de erosión bajo lluvia natural.

Degradación del suelo, significa el cambio de una o más de sus propiedades a condiciones inferiores a las originales, por medio de procesos físicos, químicos y/o biológicos, en términos generales la degradación del suelo provoca alteraciones en el nivel de fertilidad del suelo y consecuentemente en su capacidad de sostener una agricultura productiva.

Según Bertoni y Lombardi Neto (1985) las tierras agrícolas se vuelven gradualmente menos productivas por cuatro razones principales:

1.- Degradación de la estructura del suelo

;2.-Disminución de la materia orgánica;

3.- Pérdida del suelo; y

4.- Pérdida de nutrientes.

Estas razones son efectos producidos básicamente por el uso y manejo inadecuado del suelo y por la acción de la erosión acelerada.

En la etapa 1 las características originales (materia orgánica y estructura) son destruidas gradualmente. El usuario de la tierra no percibe este fenómeno, porque la erosión ocurre en niveles tolerantes y el rendimiento de los cultivos se mantiene estable por la aplicación normal de fertilizantes y de enmiendas.

En la etapa 2 La materia orgánica alcanza valores bajos y el suelo pierde estructura; por el uso intensivo de implementos agrícolas se produce la aparición de una capa compactada que impide la infiltración del agua y la penetración de las raíces. La erosión se vuelve acelerada y el rendimiento de los cultivos se reduce severamente. La aplicación de enmiendas y fertilizantes se vuelve menos eficaz, sea por las condiciones físicas adversas al desarrollo de las plantas, o por las grandes pérdidas de suelo y de nutrientes que han ocurrido por la erosión, disminuyendo su efecto actual y residual.

En la etapa 3 el proceso de erosión es tan violento que la tierra comienza a ser abandonada por el agricultor, debido a la baja productividad y dificultad de operación de máquinas a causa de la existencia de surcos y cárcavas en el campo. El tiempo que lleva a un suelo cultivado a llegar a la etapa 3 depende de la intensidad de aplicación de las prácticas inadecuadas de manejo, de su pendiente y textura, que se relacionan mucho con su resistencia a la erosión hídrica

12.8.- Propuesta:

El efecto de los desastres sobre las comunidades vulneradas hacen sentir la necesidad de proyectos de prevención, recuperación, reconstrucción e incluso mejorar sus condiciones de vida y desarrollo comunitario posterior al desastre.

Recordemos el sismo de septiembre de 1985 y al día siguiente 20 de septiembre a las 20 hs, se dio una réplica bastante severa, con el desplome de cientos de viviendas, edificios, hospitales, hoteles, escuelas, unidades habitacionales, fabricas, puentes peatonales, ductos de agua potable, aguas negras, con incendios, explosiones, miles de muertos, y miles de heridos,

Los respondientes en secuencia fueron en primer lugar los sobrevivientes ilesos, los grupos voluntarios organizados, los grupos oficiales Bomberos, E.S.U.R.A. Cruz Roja, Laser. Briasa. Oresa. Rescate Iztapalapa, Cruz ámbar Comisión Nacional de Emergencia, y varios más. Posteriormente apareció el ejército, y grupos de ayuda extranjera destacando la unidad de salvamento y auxilio médico de Francia.

Los respondientes se dieron a las labores de salvamento de atrapados y rescate de cadáveres en los edificios derrumbados,** se iniciaron labores inmediatas para el rescate en estructuras colapsadas, extinción de incendios, suspensión del tráfico vehicular instalando alojamientos temporales, acciones simultáneas que fueron apoyadas por la solidaridad de profesionales del área civil, salud y ciudadanos de los más diversos puntos, entregando áyudas en agua alimentos y albergue a las víctimas del desastre. a 30 años de ocurrido el sismo se evalúan los avances ***

1985	2016
No había conciencia de la población del riesgo sísmico de la región	Hay conciencia: la población no está preparada
La prevención de riesgos institucionalmente no era generalizada	Institucionalmente se promueve la prevención
d.- No había difución de la información para la población	Se difunde para imagen institucionalmente.
Las acciones operativas las realizaban Grupos voluntarios y el E.S.U.R.A.	Los grupos voluntarios se profesionalizan y el E.R.U.M. se minimizo no hay preparación ni equipo
La respuesta la dio la población abierta	En las emergencias sucede lo mismo
Surge la Protección Civil y el cenapred	Los mandos desconocen la realidad de los riesgos de la ciudad y rechazan a los expertos. Calificados.

12.9.- Tareas prioritarias algunas simultaneas en la zona de desastre:

a.- Salvamento y extracción de víctimas en espacios colapsados, confinados, contaminados, alturas, simas, túneles, zonas de inundación, ausencia de caminos, zonas de deslave, desplome de taludes, vehículos o espacios siniestrados,

b.- Extinción de incendios, control de fugas de hidrocarburos.

c.- Evaluación de estructuras y análisis de daños, en hospitales, clínicas, centros de salud, casas de internamiento, escuelas y edificios, unidades habitacionales, edificaciones de uso comunitario, centros comerciales, lugares de esparcimiento, túneles de transportación de pasaje.

d.- Control y revisión de instalaciones, ductos de superficie, subterráneos y tanques a cielo abierto para hidrocarburos, corte de energía en líneas de energía eléctrica derribadas.

e.- Control de vialidades y acceso a zonas dañadas, delimitación de áreas críticas con asignación de especialistas, apoyos logísticos y personal de atención a vulnerados, discapacitados o infantes huérfanos.

f.-. Realizar un censo de población afectada con todos datos que permitan el control y atención de desplazados con toda la logística necesaria, albergues temporales y la recepción, control y distribución de auxilios a la población vulnerada.

g.- Activar los contactos con los organismos de ayuda

h.- Establecer un centro de información para los medios con boletines de prensa con datos reales y actualizados continuamente.

12.10.- Necesidades

• Lo que implica. como acción ´preventiva contar con un grupo de expertos en los que se incluyan ingeniería de sistemas, planeación y desarrollo de proyectos, ingeniería, medicina critica, plantas generadoras e instalaciones eléctricas de alto voltaje apuntalamiento de estructuras, cimentación, logística, avituallamiento, Establecimiento de albergues temporales y manejo de poblaciones desplazadas, medicina táctica, manejo de redes hidráulicas, aguas pluviales, control de incendios, fugas y derrames de químicos, biológicos, fluidos, gases o desechos tóxicos, control de radiaciones, procesos de descontaminación. control de Fauna nociva, control de pánico, psicología de las masas, trabajo social. y más.

La respuesta programada de la comunidad requiere como se menciona en líneas anteriores el interés político de las todas las autoridades, desde las escolares, para qué la concientización se inicie en el jardín de niños y se continúe en la primaria y la secundaria, desarrollando en cascada los beneficios de la acción preventiva y de las acciones seguras, apoyándose en los líderes comunitarios locales.

- Así mismo esa labor se debe extender a las asociaciones de industriales y empresarios locales, generando la cultura de la prevención, administración y manejo del riesgo en todos los ámbitos, en este caso industrial y empresarial, haciéndose extensiva a los hogares de los empleados, y trabajadores, donde los niños refuerzan la información adquirida en la escuela

12.11.- La planificación de la prevención:

Como responsable de la prevención a nivel comunitario requiere de un banco de datos que recopila toda la información posible, con registro de daños causados por los fenómenos perturbadores naturales cíclicos o fortuitos ocurridos en el lugar u otros sitios con fechas, tipos, causas, efectos, número de víctimas, volumen y costos materiales, participantes en las tareas de auxilio, equipo empleado, tiempo de recuperación de las actividades económico sociales de la zona dañada, incluyendo un juego de planos hidráulico, eléctrico, y de desarrollo urbano de la zona, con relación de donantes y las ayudas recibidas realmente.

En todas las situaciones de emergencia o desastre los primeros respondientes son los sobrevivientes ilesos que se abocan a la extracción de los familiares, atrapados más próximos, posteriormente se presentan los grupos voluntarios organizados, más tarde hacen su aparición los cuerpos de auxilio oficial y más tarde en México los cuerpos de tropa, dependiendo del oficial o jefe a cargo, tomara en cuenta a los grupos de apoyo civil que están realizando tareas de salvamento y rescate en el área, o los rechazan ignorando su valiosísimo apoyo. .pero ninguna unidad ni privada ni oficial tiene idea de los riesgos a los que se va a enfrentar, ni la problemática que vive la comunidad vulnerada, presume que toda emergencia es la misma situación: Acordonar el área, mover escombro, sacar atrapados llevarlos al hospital si están vivos o a un depósito de cadáveres y tomarse la foto

Pero la situación no es tan simple, por lo que es prioritario, si en la zona se viven amenazas cíclicas, generar un **Plan de prevención y respuesta formal, escrita** de esta manera parece fácil solo se necesita establecer el ¿Qué? ¿Cómo? ¿Cuándo? ¿Dónde? ¿Para qué? ¿Con que? ¿Quién? ¿Para quién? ¿Cuánto cuesta? ¿Quién paga?

Los mandos, en este caso, usted, debe contestar cada una de las cuestiones y presentar su proyecto al más alto nivel de su comunidad para que en cascada se desarrolle y aplique a la brevedad, solo recuerde un detalle las autoridades son temporales y su interés es su imagen político no la solución de los problemas de la comunidad, por lo que el plan que usted presente debe ser:

a.- Completo:

No deje nada al azar tome en cuenta los 11 puntos anotados y los que se le ocurran para que cualquier duda tenga la respuesta anotada.

b.- Claro,

Tan claro que hasta el más iletrado lo entienda, No de margen al "Es que yo creí o al me pareció que".

c.- Sencillo: Si los obliga a pensar la pereza los duerme

d.- Flexible: elástico moldeable, que los operativos usen su iniciativa.

12.12.- Para efecto de lograr una resiliencia de las poblaciones es aplicable la siguiente propuesta:

12.13.- LA PLANIFICACION EN LA PREVENCION:

N°.	Acción	Responsable	Mecanismo
1.-	Crear un cuerpo de inspectores/ instructores	Cord P.C Segob. Cuieecred	Convocatoria a jefes y personal c/5 años de operativos.
2.-	Familiarizar a la población con los riesgos cíclicos y antrópicos	Coord. P.C. Segob. Estatal municipal.	Los módulos comunitarios y los cuerpos de bombero
2.-	Elaborar programas institucionales de seguimiento al desastre.	Esc. de comunicación social	Por convenios
3.-	Planificación programada de la respuesta a riesgos cíclicos.	Centros de investig. UNAM POLI; cenapred	Acuerdos y convenios.
4.-	Sensibilizar a la población del efecto domino.	Centros de investig. UNAM POLI; cenapred	Acuerdos y convenios.
5.-	Programación de las acciones de cada grupo respondiente.	Cuieecred	Capacitación formal
6.-	Sistematizar la integración de los respondientes en la gestión del riesgo.	Cuieecred	Capacitación formal
7.-	Programas evaluación de resultados en la prevención.	Cuieecred	Simulacros ejercicios
8.-	.Elaboración de planes multifuncionales a mediano y largo plazo.	Centros de investig. UNAM POLI; cenapred	Acuerdos y convenios
9.-	Aplicar la claridad y realidad en los proyectos.	Centros de investig. UNAM POLI; cenapred	Revisión de programas
10.-	Adecuación y claridad en planes de desarrollo urbanístico.	Sria de desarrollo social	Part. desarrollo urbano.
11.-	Sistematización de la memoria de desastres.	Centros de investig. UNAM POLI; cenapred	Acuerdos y convenios
12.-	Tomar en cuenta los tipos de riesgo actualizados en la región.	Cenapred	Microzonificación de riesgo región
13.-	Evaluar estructuras y analizar riesgos de las edificaciones.	Fac. Ingeniería UNAM.	Acuerdos y convenios
14.-	Evaluar riesgos de los sistemas vitales.	Fac. Ingeniería UNAM	Acuerdos y convenios

| 15.- | Organizar la respuesta institucional y los recursos necesarios. | Coord P.C segob. Cuieecred | Trabajo directo Segob Gpos P.C. estat.y Mpal |
| 16.- | La gestión del riesgo debe ser compromiso comunitario e institucional. | Segob Gpos P.C. estat.y Mpal. | Trabajo directo Segob Gpos P.C. estat.y Mpal. |

12.14.- El ROL DE LAS INSTITUCIONES OFICIALES Y PRIVADA:

N°.	Acción	Responsable	Mecanismo
1.-	Difundir datos para reparaciones apropiadas de edificaciones.	Fac. ingeniería Sedesol	Convenio
2.-	Elaborar programa de difusión para la gestión del riesgo.	Cámara nal. de la radiodifusión Coord. P.C segob. Cuieecred	Convenio
3.-	Actualizar sistemas de radiocomunicación.	Fed. Nal. Radcom. Coord P.C segob. Cuieecred	Convenio
4.-	Manejo veraz y apropiado de la comunicación.	Fed. Nal.Radcom. Coord P.C segob. Cuieecred	Convenio

12.15.- OPERATIVOS TECNICOS EN LA ZONA DE DESASTRE.

N°.	Acción	Responsable	Mecanismo
1.-	. Agilizar la respuesta inmediata de los organismos de socorro.	Cuieecred cenapred	Comunicación directa
2.	Preparación y de un programa operativo inmediato para protección a la población vulnerada (ancianos, niños, mujeres embarazadas, discapacitados y niños huérfanos.	Cuerpo de inspectores E instructores Sedesol	Análisis de riesgos, efectos, mecanismos idóneos de respuesta para los sistemas de soporte vital y diversos grupos etarios. vulnerables.

3.-	Inventariar viviendas en zonas de alto riesgo, e Iniciar la reconstrucción y reparación a través de un programa integral, cumpliendo la norma sismo resistente	Esc. de ingeniería de la localidad	Coordinación con las Constructoras que acepten involucrarse en el programa de recuperación de áreas habitables
2.	Establecer estrategias ambientales para evitar la des protección de los cauces altos y medios de los ríos y quebradas.	Especialistas de Cuieecred esc.de ingeniería local las Escuelas de ingeniería. que acepten involucrarse en el programa.	Aplicar programa de recuperación y descontaminación de corrientes y mantos acuíferos en
3.	Sensibilización de la comunidad en la cultura de la prevención a través de la gestión local del riesgo.	Secretaria de desarrollo social	Proyecto de programa para prescolar primaria y secundaria de acciones seguras,
4..	Establecer un sitio de concentración, recuperación e identificación de Cadáveres	Especialistas de cuieecred semefo	Aplicación de programas de identificación y evaluación de daños físicos y conservación de indicios.
5.-	. Atender a las comisiones internacionales	SER	Contacto directo
8..	Aplicación de la prevención y atención de desastres en el Plan de Ordenamiento Territorial.	Participación de escuelas de ingeniería urbana Cuieecred y Sria. de desarrollo social	Preparar proyectos de Reordenamiento urbano y liberación de zonas de riesgo.
9.	Agilizar La información y divulgación en la zona de desastre a través de los medios: prensa, radio tv, e internet	Coord. con la cámara de radio tv. y coor. de difusión Cuieecred	Establecer sala de prensa con personal autorizado para elaborar boletines de prensa
10.	Incrementar la participación de la comunidad en la prevención, atención, durante, y después del evento.	Sria de desarrollo social Y grupos especiales de atención de emergencia	Crear módulos de atención comunitaria en las delegaciones, municipios y núcleos urbanos

11	Promover la respuesta solidaria del servidor público y de la comunidad en general, para disminuir los impactos.	Establecer enlaces con las cámaras de industriales. instituciones públicas y privadas	Difusión escolar e institucional.
12.	La capacidad de respuesta debe ser superior a la intensidad de la emergencia.	Evaluar activos de los grupos oficiales respondientes	Reprogramar la participación de Las instancias respondientes
13..	El apoyo alimentario a la población debe ser organizado, suficiente, y oportuno.	Sria. de desarrollo social y Cuieecred.	Incrementar el número y calidad de atención de los comedores comunitarios
14.-	Los puestos de triage evitan la carga hospitalaria	Sector salud y Dir. Gral. de atn. de emerg.-y desastres	Nombrar esp. en trauma a cargo de los puesto de triage
15	La solicitud de ayuda extranjera debe ser específica del recurso necesario	Sria de gob. Coord. con instancias extranjeras	Solicitar específicamente lo necesario
16.-	La asignación de puestos de mando deben ser por oposición curricular	Brigadas internas de prot. civil institucionales Cuieecred.	Evaluar a los aspirantes a puestos de mando en situaciones de emergencia
17.-	. La solidaridad se estimulara en la comunidad y en el servidor púbico	Sep. Sedesol Cuieecred	Elaborar programa de participación social rescatando principios y valores
18.-	La instalación del sistema de comando de ser a la brevedad.	Dir. de cont. de sin. y desastre.	Evaluación previa de prob. responsables para el mando

12.16.- LA SEGURIDAD DURANTE LA EMERGENCIA.

N°.	Acción	Responsable	Mecanismo
1.-	Capacitar a la fuerza pública en la protección a comunidades vulneradas.	Instituto técnico de formación policial.	Programar un curso de protección a comunidad en desastre para la pol. preventiva
3.-	Proyectar sistema de protección comunitaria para evitar saqueos.	Sedesol. Cuieecred.	Programar grupo de vecinos para proteger su área
4.-	Elaborar censo de edificios dañados y población que los habita	Cuieecred y esc. de trabajo social y Facultad y esc. de ingeniería locales	Elaborar censo de construcciones dañadas reparables
5.-	Crear banco de datos con personal para procesar la información relativa.	Esc. de informática Y Cuieecred	Recopilación de todo la información disponible y sistematizarla
6.-	Preparar unidades especializadas en salvamento y rescate.	Grupos especializados en la materia	Programa cursos de cada materia en forma secuencias
7.	Crear cuerpo técnico para evaluación de estructuras dañadas.	Convocar a los especialistas en evaluación de estructuras	Elaborar censos de daños estructurales en las zonas de desastre

12.17.- Función de las coordinaciones

Atención de la emergencia:

Identificación: Etapa: Acción: Origen:

Dirección pto. de mando -	Prevención	Establecer convenios de interacción con sector salud, supervisar la elaboración y aplicación de programas con aprovechamiento óptimo de los recursos, con protocolos para aplicación en situación de crisis. para cada área, Selección de equipo de respondientes	Selección por oposición curricular..
	Durante	Instalación del puesto de mando, toma de decisiones y aplicación inmediata de protocolos de respuesta	
	Post desastre	supervisar evaluación de daños #. de víctimas. costos, tiempo de recuperación preparación de informes	
Cuerpo de asesores	Prevención	Estudios de vulnerabilidad manejo del riesgo geotécnico e hidrológico revisar: ríos, quebradas taludes, cuencas Deslizamientos daños adicionales en edificaciones para reconstrucción, Afectación de Edificaciones y viviendas construidas en zonas de riesgo.	Colegios y asociaciones de profesionales UNAM. Poli. Setic. Anic. .
	Durante	Evaluación de riesgos apoyo en operaciones análisis de necesidades, evaluación de la malla vial, puentes, líneas vitales, rutas de evacuación. redes principales de acueducto, alcantarillado, gas natural, hidrocarburos, sistema eléctrico, análisis de necesidades, operaciones	
	Post desastre	Reconstrucción de viviendas y ejecución de obras de mitigación sísmica .-	

Medicina de desastres (medicina. critica) 3	Prevención	Preparación planes de atención de emergencia, establecer convenios con hospitales de 3er. nivel instrumentar Programas salud pública para poblaciones vulneradas, Preparación de recursos humanos y materiales para respuesta a desastres, medicina critica o táctica, acopio de materiales de curación y recursos de instrumentación médica SUMA Medicamentos.	Sector salud. Especialistas en medicina de desastre
	Durante	Aplicación de Plan hospitalario de emergencia con aplicación de protocolos de medicina critica Atención y canalización de victimas triage, pediatría, área de descontaminación Saneamiento básico y morgue Plan de salud pública, agua potable control de vectores Saneamiento básico	
	Post desastre	♦ SUMA – Medicamentos e instrumentación médica	
Grupos de rescate y salvamento	Durante	Salvamento y rescate de atrapados atención pre hospitalaria Evacuaciones definitivas	Para la cd. de Mex. Cuerpos de rescate C.R. ERUM.
Logística.	Antes Durante.	Establecer convenios con instituciones o empresas donadoras y de transporte Aportación de Recursos humanos y materiales Comunicaciones VHF, UHF, celulares Radio Satelital	Mandos de grupos de rescate y salvamento.
Trabajo social	Antes	Preparar programas de control Censos e Información de afectados	Escuela. trabajo. social UNAM;,
	Durante	Identificar y censar a la población vulnerada asignación de espacios y ayudas inmediatas, Si o no a hospital o alimentación, Manejo del alojamiento temporal Albergue Auto albergue (familias y amigos) Arrendamiento. Viviendas temporales – prefabricadas	
	posterior	Fortalecimiento comunitario y educativo para la gestión del riesgo, proyecto. S.U.M.A.	

Seguridad	Durante	Protección y seguridad a bienes y personas en la zona de impacto identificación de fuerzas de apoyo y control de accesos..	Seguridad. Pub. Mnpal.
Servicios generales	Antes	Instalación y apoyos	Servicios.
		Manejo de escombros	de limpia y
	Durante	Escombrera del relleno sanitario, manejo de excretas	transportes
	Después	Levantamiento de instalaciones.	
Proyección y difusión	Continuo	Contacto con medios e instituciones Comunicados e informes de prensa	Escuela. com. social UNAM

12.18.- Acciones a desarrollar para promover la resiliencia de las comunidades:

1. Sensibilización a la comunidad para prepararse ante las amenazas cíclicas.

2. Institucionalización de los módulos comunitarios y Comités escolares.

3. Conocimientos de los derechos jurídicos de petición ante las autoridades

4. Formulación de los planes comunitarios para la gestión del riesgo.

5. Formación académica para la formulación de proyectos comunitarios.

6. Conformación de redes de apoyo mutuo entre Módulos comunitarios Comités escolares.

7. Formación de grupos y organización interna.

9. Elaboración de convenios.

10. Ejecución de convenios.

11.- Limpieza de calles, lechos, de ríos, atarjeas.

12.- Campañas de reciclaje y manejo integral de basuras.

13.- Gestión del Riesgo como elemento de Planeación.

I.- Elaboración de proyectos integrales de viviendas

♦ Reubicación de viviendas en zonas de riesgo
♦ Legalización de predios
♦ Relocalización de predios
♦ Elaboración de estudios y ejecución de obras de mitigación del riesgo

Geológico.

II) Manejo integral de las zonas y áreas de expansión urbana, de cesión y de espacio público.

III) Sistema de alertas y alarmas sísmicas tempranas y para las crecidas de los ríos en zonas costeras o rivereñas

IV) Aplicación del cuestionario de evaluación de estructuras y evaluación de riesgos. Inventario de las edificaciones susceptibles de daños por el tipos de suelo.

V) Establecer un banco de datos para registro e Inventario de desastres naturales y/o inducidos por el hombre.

VI) Plano de zona afectada carteles de Habitable, Cuidado **y** No Habitable

V.) Manejo integral de las zonas y áreas de expansión urbana, reubicación de viviendas afectables, proyecto de cesión de espacio público en zonas seguras.

VI) Integración y establecimiento del sistema de comando de emergencia

** La etapa de reconstrucción generó normas de Ingeniería antisísmica aplicables en la reconstrucción y en la construcción de edificaciones y viviendas.

12.19.- Participación ciudadana para la cultura de la resiliencia.

La sensibilización de la comunidad para prepararse ante las amenazas cíclicas y la planeación de acciones preventivas Implica el desarrollo simultaneo de algunos de los puntos enlistados para aprovechar espacios y tiempos, partiendo de que la comunidad esta consciente de los efectos de los fenómenos perturbadores que en forma cíclica se presentan año con año, se pueden iniciar las acciones con participación conjunta del sector educativo, de padres de familia, el sector empresarial y las autoridades, las autoridades,

Inicialmente con la Institucionalización de los comités escolares y los módulos comunitarios, con la participación de alumnos maestros y padres para la formulación de proyectos escolares y comunitarios. con formación de grupos y organización interna, elaboración y ejecución de convenios para la gestión del riesgo, con la creación de redes de apoyo mutuo entre Comités escolares y Módulos comunitarios, con aplicación de labores comunitarias de protección como Limpieza de calles, lechos, de ríos, atarjeas, con reciclaje y manejo integral de basuras posteriormente y con la participación de los demás sectores Elaboración de proyectos integrales de reubicación de viviendas situadas en zonas de riesgo***, con la legalización por parte de las autoridades de la Legalización de predios, así como de estudios y ejecución de obras de mitigación de los riesgos cíclicos de la zona.

*** Dentro del cuadro de análisis de los desastres encontramos secuelas que después de 30 años, todavía hay edificios dañados y asentamientos de desplazados por el sismo

CAPÍTULO 13

Psicología del desastre.

Resumen:

Los mandos de las unidades de emergencia deben estar conscientes de lo que significa hacer contacto con una población vulnerada cualquiera que sea la razón o magnitud del evento, por lo que es fundamental que en el momento de ser nombrado responsable del auxilio, integre en su equipo humano a un psicólogo especializado en desastres, este elemento será el que en principio y en función de las características psicológicas de la población afectada establezca contacto con los líderes locales estos líderes serán los que señales las carencias y necesidades materiales, más urgentes del grupo al que dicen representar, no se trata de llegar e imponer un mecanismo de auxilio que probablemente funciono en otra región, la implementación e instalación de los servicios de apoyo es tarea de las diversas coordinaciones que conforman el sistema de comando unificado, pero el contacto directo con la población vulnerada será labor del equipo de psicología de desastre, la experiencia acumulada en los diversos escenarios es lo que señala, lo más probable es que como ocurre en la mayoría de los casos la población está en un estado de shock psicológico por las pérdidas de vidas, desaparición de familiares o daños a su patrimonio, lo que menos le importa al sobreviviente en ese momento es su estado físico, no hay hambre no hay sed, no hay fatiga, no hay sueño, hasta que se derrumba, frecuentemente cae en un estado catatónico, el medico lo más que puede hacer es aplicar un tranquilizante que frecuentemente aumenta la desconexión del paciente con su realidad y con el medio ambiente; Es el psicólogo de desastres aplicando los mecanismos especializados el que debe establecer el puente de comunicación entre la víctima y su realidad, alejándola momentáneamente del entorno en que está inmerso, ofreciéndole en primer instancia el apoyo emocional que necesita,

Capítulo 13

Psicología del desastre.

Desde el punto de vista grupal los sobrevivientes aparentemente ilesos pero, en los que víctimas del trauma de las pérdidas de familiares o de bienes patrimoniales desaparece la identidad o personalidad individual consciente y afloran sus motivaciones más profundas revancha o desquite per sentirse victima de marginación o rechazo social y ven el desastre como una oportunidad de obtener beneficios y ventajas materiales, sumándose al Grupo o masa que se sujeta a la **Ley de la unidad mental de las masas**, especie de mente colectiva que los hace sentir, pensar y actuar de una manera bastante distinta de la que cada individuo sentiría, pensaría y actuaría si estuviese aislado, el sujeto se vuelve parte de la masa psicológica, La masa como tal nunca podrá tomar decisiones propias de un ser inteligente, pero el individuo vive un sentimiento de poder invencible, anónimo e irresponsable que cede a instintos que normalmente controla pero que bajo el poder hipnótico que ejerce la masa se contagia de tal manera que el individuo está dispuesto a sacrificar su interés personal en aras del interés común, siendo víctima de la sugestión colectiva en una condición tal que, habiendo perdido la conciencia de sí, no es capaz de cuestionar ningún acto que le imponga la masa o su líder, cometiendo actos que como individuo sería incapaz de realizar, quedando en un estado de dependencia psíquica total, su voluntad es la voluntad del grupo, bajo su influencia la persona será capaz de actos de extrema valentía o de máxima ferocidad, unidos en una masa, no vacilan en adherirse a las propuestas más salvajes, con el predominio de la personalidad inconsciente deja de ser él mismo y se convierte en un autómata que ha dejado de estar guiado por su propia voluntad, descendiendo varios peldaños en la escala de la evolución convirtiéndose en un homínido asexuado con la espontaneidad, la violencia, la ferocidad, el entusiasmo y el heroísmo de los seres primitivos a los se parece cada vez más por la facilidad con la que se impresiona con un discurso, una dadiva, o una promesa dependiendo de los valores y principios educacionales o genéticos del individuo.

Características de las masas:

Impulsividad,

Las acciones de las masas humanas están más bajo la influencia de la médula espinal que bajo la del cerebro. En este sentido, una masa es muy similar aun ser primitivo, el individuo aislado posee la capacidad de dominar sus actos reflejos mientras que una masa carece de esta capacidad, siempre serán sus deseos más imperiosos que el interés del individuo, incluso la auto conservación o la sobrevivencia, las masas son, por consecuencia, extremadamente inestables. Cualquier manifestación de premeditación por parte de las masas está, por lo tanto, fuera de discusión

Sugestibilidad:

La sugestión se contagia inmediatamente modificando los sentimientos de la masa convirtiendo la inducción en una realidad. Sea que la acción implique prenderle fuego a un palacio o involucre un auto sacrificio, la masa se prestará a ella con la misma facilidad, todo dependerá de la naturaleza del estímulo desencadenante y no de la ética o negativo del hecho, como en el caso del individuo aislado. el ejemplo más sencillo es cuando alguien grita fuego; inmediatamente aparece el pánico y la masa corre sin saber si es real o no, los últimos eventos de reuniones multitudinarias con muertes por aplastamiento nos dan la la pauta para firmar lo anterior.

Credulidad.

Una masa visualiza y enlaza imágenes aunque no tengan ninguna relación entre ellas, un ejemplo es la fantástica sucesión de ideas que se nos ocurren a veces cuando traemos a la mente cualquier hecho, para la masa no hay diferencia entre lo objetivo y lo subjetivo, acepta como reales las imágenes evocadas en su mente aunque con gran frecuencia tengan una relación muy distante con el hecho observado, esto da origen a las alucinaciones colectivas de las cuales existen decenas de ejemplos en la historia, que se dan por reales sin que pasen de un "Creí" o Me pareció ver"

Irritabilidad,

La masa, afirmamos que ésta es guiada casi exclusivamente por motivos inconscientes, sus acciones están más bajo la influencia de la médula espinal que bajo el cerebro, y de la capacidad de razonar y la ausencia de juicio y de espíritu crítico. El individuo aislado puede estar sometido a las mismas causas estimulantes que el hombre en una masa, pero, puesto que su cerebro le muestra lo poco aconsejable que sería ceder ante estas causas, se abstiene de seguirlas. Esta verdad puede ser expresada psicológicamente diciendo que el individuo aislado posee la capacidad de dominar sus actos reflejos mientras que una masa carece de esta capacidad, desde este punto de vista la masa es autoritaria e intolerante, no acepta a un mando pusilánime pero se doblega ante una autoridad fuerte, la masa es eminentemente conservadora necesita alguien que la mande y solo aparentemente es rebelde o revolucionaria, solo necesita que alguien inicie el movimiento y la masa lo sigue sin saber ¿por qué? o ¿para que?

El poder de racionalización, (Que no el de razonar de las masas).

Se puede afirmar absolutamente que las masas racionalizan, no que razonan y que pueden ser influenciadas por la asociación de ideas, unidas por vínculos aparentes de analogía o sucesión de cosas disímiles que poseen una conexión meramente aparente entre sí y por el otro, la inmediata generalización de casos particulares.

Los políticos y los especialistas en inducción subliminal son expertos en sembrar imágenes no razonadas y tiene la intensión de convencer a la comunidad para la que son desarrollados los discursos.

3. La imaginación de las masas.

. Las masas, al ser incapaces tanto de la reflexión como del razonar, carecen de la noción de improbabilidad y es de destacar que, en un sentido general, las cosas más improbables son las más notables, lo irreal tiene casi tanta influencia sobre ellas como lo real, poseen una manifiesta tendencia a no distinguir entre ambos el ejemplo clásico de lo anterior son las afirmaciones de los cultos que se basan en el temor irreal y absurdo a lo desconocido generando en base a lo irracional la Intolerancia y el fanatismo, a ultranza que son los compañeros necesarios del sentimiento religioso, Inevitablemente usados como apoyo a quienes por interés económico se dicen en posesión del secreto de la felicidad, lo anterior independiente del nivel socio cultural del individuo los mecanismos de fijación de ideas son el más puro ejemplo de la efectividad de la mercadotecnia, aplicada; Un mensaje se repite el mayor número posible de veces en todos los tonos, formas, e intensidades factibles siempre como una afirmación, sin dejar lugar para la posible duda promoviendo el contagio de la información, en una muchedumbre, todas las emociones son fuertemente contagiosas sobre todo si el emisor ostenta un nivel de prestigio o credibilidad ante la masa ya sea masa Homogénea o heterogénea.

Homogéneas: Sectas, castas y clases

Heterogéneas:

1. Masas anónimas masas callejeras asistentes a un espectáculo

2. Masas no anónimas (por ejemplo, jurados, asambleas parlamentarias).

MATERIAL BASICO PARA UN BOTIQUÍN DE PRIMEROS AUXILIOS

Botiquín de primeros auxilios.

Usted debe verificar que usted mismo y su familia estén preparados para tratar síntomas, lesiones y emergencias comunes.

Con la debida anticipación, puede armar un equipo casero de primeros auxilios bien surtido. Mantenga todos los suministros en un lugar, de tal manera que sepa exactamente dónde están las cosas cuando las necesite.

(Los siguientes elementos son suministros básicos y la mayoría de ellos se pueden conseguir en la farmacia o en el supermercado).

Material de curación

- Vendajes adhesivos (como Band-Aid o Tensa plast. o marcas similares), clasificados por tamaños. de 5 cm,10 cm, 15 cm,
- Férulas de aluminio o cartón para inmovilizar miembros.
- Rollos de guata para acolchar férulas
- Vendaje elástico (ACE) para cubrir lesiones
- Protectores, almohadillas y vendajes para los ojos
- Guantes, sean o no de látex, para reducir el riesgo de contaminación
- Vendaje triangular para cubrir lesiones y hacer un cabestrillo para el brazo compresas,

Equipo de salud casero:

- Jeringas sépticas, de 20 0 50 cc. Dispositivos (pera o jeringa) de succión y goteros
- Bolsas térmicas. instantáneas disponibles
- Manual de primeros auxilios
- Gel antiséptico desinfectante de manos.
- Guantes, de carnaza para uso rudo y de látex, para reducir el riesgo de contaminación
- Dispositivo de almacenamiento Save-A-Tooth, en caso de que se rompa o se caiga un diente; éste contiene una cajita de viaje y una solución salina
- Bolas de algodón estéril.
- Aplicadores o hisopos de algodón estériles
- Abate lenguas.

Medicinas para cortaduras y lesiones:

- Solución o toallitas antisépticas,
- Peróxido de hidrógeno,
- Isodine.

- kri
- Estericide sol. germicida
- Bicarbonato de sodio para gargarismos
- Polivinil yodada y clorhexidina.
- Gasas vaselinadas,
- Aceite mineral para quemaduras superficiales.
- Miel como bactericida y cicatrizante, en heridas.
- Ungüento antibiótico.
- Enjuague estéril, como solución salina para lentes de contacto
- Loción de calamina para picaduras o exposición a la hiedra venenosa
- Crema, ungüento o loción de hidrocortisona para la picazón.
- Gotas oftálmicas.
- Gotas oticas.
- Acido acetil salicílico tab. 500 m.
- Butil hiosina grageas 10 mg.
- Naproxeno tab 10 mg.
- Thes verde, tila azahar, pasiflora, jengibre.

- **Equipamiento básico.**
- Lámpara con pilas y latas de alcohol sólido.
- Jeringas de 1, 2, 3, 5, 10, cc
- Pocillo y cuchara para administrar dosis específicas de medicamentos
- Termómetro.
- Pinzas para extraer garrapatas y astillas pequeñas.
- Pinzas rectas y curvas. y de bayoneta
- Tijeras de botón y de uso rudo.
- Bosas para vomito.
- Cubre bocas.
- Gasas estériles y cinta adhesiva micropore
- Riñón de acero inoxidable.

- Lámpara con extensión y de pilas con baterías de respuesta.
- Navaja de uso múltiple.
- Campos estériles.
- Cerillos. velas
- azúcar
- Café. vasos cucharas desechables.
- Sabanas desechables.
- Sabanas térmicas.
- cobertores.

Soluciones glucosada. Salina, Hartman.

Radio de baterías con bat. nuevas de respuesto.

Asegúrese de revisar el botiquín de primeros auxilios con regularidad y reponga cualquier elemento que se esté acabando o haya vencido.

COMENTARIOS BIBLIOGRÁFICOS

Naisbitt John Macro tendencias Economía global inversiones globales, Pg. 82 Ed. Edivision México 1985. Japón solo, controla alrededor de 225 compañías con 60 000 obreros con350 000 millones de dólares con Hitachi a la cabeza (abril de l985)

Algunas metodologías:. *Six sigma" DMADOV y PDCA-SDCA

DMADOV = (Definir, Medir, Analizar, Diseñar, Optimizar y Verificar)

PDCA-SDVA = (Planificar, Ejecutar, Verificar y Actuar)-(Estandarizar, Ejecutar, Verificar y Actuar)

*Definir, que consiste en concretar el objetivo del problema o defecto y validarlo, a la vez que se definen los participantes del programa.

Medir, que consiste en entender el funcionamiento actual del problema o defecto.

Analizar, que pretende averiguar las causas reales del problema o defecto.

Mejorar, que permite determinar las mejoras procurando minimizar la inversión a realizar.

Controlar, que se basa en tomar medidas con el fin de garantizar la continuidad de la mejora y valorarla en términos económicos y de satisfacción del cliente.

D (Definir) [editar.

Ceceña José Luís El Imperio del Dólar. Presentación 4ª. Edición Ed. El caballito México 1972

Los grandes grupos financieros norteamericanos impulsados por su afán de lograr utilidades máximas y poder político, aprovechando la miseria de valores y ética de los gobernantes en turno, penetran profundamente en las economías de los países subdesarrollados a través de mecanismos como el Tratado de Libre Comercio, instituciones como el Banco Mundial o el Fondo Monetario Internacional, dominando las más importantes actividades económicas, Petróleo, Minería, Banca, Comercio, Industria, las inversiones directas en el exterior hace casi 50 años (1970) alcanzaban 80 mmd. a la fecha superan los 700 mil millones de dólares, todo en base a una estructura monopólica gigantesca;

Dymsza A William Enciclopedia de la Dirección y Administración de la Empresa primer volumen Pg. 161. La empresa multinacional; Ed. Orbis Barcelona España 1986

El enorme desarrollo de las compañías multinacionales ha sido y es uno de los fenómenos más característicos de la economía mundial de la posguerra, poniendo su signo a altísimos porcentajes de los negocios internacionales; sus cifras de ventas son superiores al P.N.B: de muchos países y sus inversiones y transacciones

La fuerza económica de estos grandes grupos financieros les permite incidir en todas las esferas del gobierno convirtiéndolo en una herramienta al servicio de sus intereses, influyen en: Aranceles Cuotas de importación Contratos de guerra, Créditos al exterior, apoyo a la Inversión privada en el extranjero, e, incluso a la política de gobiernos ejerciendo represalias, boicots, amenazas, hasta la intervención directa del gobierno estadounidense en la política de los países como ha ocurrido en Guatemala, Granada, Republica Dominicana Brasil. Perú Venezuela bloqueo a Cuba, invasión a Irak. Golpes de estado en Chile y actualmente México en las últimas elecciones, protegiendo sus inversiones, las transnacionales alientan los planes de los dictadores para obtener los máximos beneficios económicos a largo plazo sin importar la soberanía ni la economía de la nación receptora, (como en el nuestro, obligándolos a desconocer la voluntad del pueblo para escoger a sus gobernantes)

.Szavo Denis Criminología y política en materia criminal. El Cuestionamiento Político Pg. 38 ED. Nueva criminología Siglo XXI México 1980

Fuentes: "Curso de primer respuesta a incidentes con materiales peligrosos, programa de capacitación de Usaid /Ofda/Lac" Toxicología industrial Pemex Tomo V Gerencia de servicios médicos y P.C. Guía de respuesta en casos de emergencias U.S. Department of Transport. Secretaria de Comunicaciones y Trasportes de México.

Rivera y Avendaño Efrén: éxito y excelencia vivencial. Los 6 principios básicos Pg. 71 Ed. Palibrio USA. 2014

Le Bon Gustave: Psicología de las masas Ed. Antorcha.

Campuzano Mario y Col. Psicologia para casos de desastre. cap. 2 pg 45 Ed Pax

Para un información más completa sobre los temas comuníquese al Correo electrónico <u>yavendano@att.net.mx</u>

GLOSARIO

AMENAZA
Factor externo de riesgo, representado por la potencial ocurrencia de un suceso de origen natural, generado por la actividad humana o la combinación de ambos, que puede manifestarse en un lugar específico con una intensidad y duración determinadas

AMENAZAS ANTROPICAS:
Son las ocasionadas por la intervención del hombre en la naturaleza y el desarrollo tecnológico, pueden ser originados intencionalmente por el hombre, por imprevisión ó por fallas de carácter técnico. Explosiones, incendios, Accidentes, deforestación, contaminación, Colapsos estructurales, Guerras y terrorismo, intoxicaciones masivas, inseguridad, movimientos masivos de población, etc.

AMENAZAS NATURALES:
Las fuerzas de la naturaleza ocasionan múltiples desastres en el ámbito mundial, debido a que sus mecanismos de origen son muy difíciles de neutralizar como ocurre con los terremotos, Tsunamis (maremotos), erupciones volcánicas y huracanes; algunas como las inundaciones, sequías y deslizamientos pueden llegar a controlarse o atenuarse mediante obras civiles.

DESASTRE Alteración en forma súbita a las personas, su medio ambiente o sus bienes causado por factores externos de origen antrópico o natural y que demandan la inmediata acción de las autoridades de salud, tendiente a disminuir las consecuencias del mismo. Excede la capacidad de respuesta y demanda ayuda externa de orden nacional ó internacional.

EMERGENCIA

: Alteración en forma súbita a las personas, su medio ambiente o sus bienes causado por factores externos antrópico o natural y que demandan la inmediata acción de las autoridades de salud, tendiente a disminuir las consecuencias del mismo. Se caracteriza por no exceder la capacidad de respuesta.

INTENSIDAD

Expresa los efectos destructivos en el lugar donde se evalúa. La escala más conocida es la de MERCALI MODIFICADA de 12 grados.

MAGNITUD

Medida de la energía Medida de la energía liberada en el o liberada en el foco donde ocurre el terremoto, el foco donde ocurre el terremoto. La escala más conocida como de RITCHER según la cual los sismos más pequeños son cercanos a 0 y los más fuertes registrados a 9.0

MORBILIDAD •

Hospitales con un número importante de paciente con patologías de tipo traumático. •Por efectos secundarios, inundaciones, mala disposición de desechos, contaminación de fuentes hídricas (diarreas, cólera, disenterías). •Ocurren problemas por descuido de programas normales (saneamiento, desinsectación, inmunizaciones programas de salud).

MORTALIDAD

Número frecuentemente alto especialmente en zonas de alta densidad poblacional, concentración de viviendas o bajas normas de construcciones sismo resistentes.

RIESGO

Probables daños sociales, ambientales y económicos en una comunidad específica, en determinado periodo de tiempo, en función de la amenaza y la vulnerabilidad

VULNERABILIDAD

Factor interno de riesgo de un sujeto, objeto o sistema expuestos a una amenaza, que corresponde a su predisposición intrínseca a ser dañados.

CONCLUSIONES

Usted ha finalizado la revisión de este texto, lo cual lo califica para desempeñar con eficiencia las tareas de responsable en un área de desastre, solo tiene que aplicar los criterios expuestos con la decisión que requiere el ejercicio del conocimiento y la experiencia que es invaluable para la vida de los afectados, no hay quien sepa todo, pero usted está rodeado de expertos, su función es motivar al que sabe para que aplique toda su experiencia y conocimiento, dándole la oportunidad de demostrarlo en beneficio de la comunidad a la que están sirviendo.

La atención de la emergencia es una tarea que requiere de muchos cerebros y muchas manos, el resultado es beneficiar a la población vulnerada controlando dentro de lo posible los efectos de los fenómenos perturbadores de cualquier índole y en cualquier espacio.

Para ello, entre otras cosas, hace falta la voluntad política para su desarrollo, recursos los hay, el material humano está dispuesto, necesita la decisión de trascender en el lugar y en el tiempo: Solo es necesario dar los pasos necesarios para hacer realidad esta idea, con el apoyo decidido de todos los que de una u otra manera vivimos en la emergencia,

Atentamente
Lic. Efrén Rivera y Avendaño

SEGURIDAD EN LA PRODUCTIVIDAD.

Curriculum vitae (Resumen) al 05 09 2015 Efrén Rivera y Avendaño fecha de nacimiento 29 06 37

Estudios.

Médico Cirujano Facultad de Medicina Universidad Autónoma de México.
Licenciado en. Derecho Burocrático Instituto Nal. de Estudios Sindicales y de Administración pública. F.S.T.S.E.
Diplomado en Dirección de Programas de Protección Civil. U. N. A. M.
Diplomado en Medicina de aviación Centro Nacional Medicina de aviación Unam. S.C.T.

- Diplomado en Contratos colectivos de trabajo
- Instructor Certificado Por la Universidad Texas A&M de bajo la Norma 1041
- Miembro del Grupo esfera Organización. Panamericana de la Salud. Organización Mundial de la Salud, Comité. Internacional de la.Cruz. Roja.
- Integrante del Grupo Lideres en Desastres para América Latina O.P.S. O. M. S.
  Miembro de la Academia Nacional de Protección Civil de la Sociedad Mexicana de Geografía y Estadística (Académico):

Fundación de

- Asociación Nacional de Cuerpos de Auxilio
- Asociación Nacional de Jefes de Cuerpos de Auxilio.

- Centro Universitario de Investigación y Estudios Especializados en Control de Riesgos Emergencias y Desastres

Actividades diversas:

- Presidente Corporativo del Instituto Mexicano de Investigación Seguridad Ecología y Protección Civil;
- Vicepresidente Internacional de la Hermandad internacional Mexicana.
- Rector del Centro Universitario de Investigación y Estudios Especializados en Control de Rasgos Emergencias y Desastres S. C.
- Medico Decano del Escuadrón de Servicios Urbanos y Rescate Aéreo, (E.SU.R.A) Hoy Escuadrón de Rescate y Urgencias Médicas (E.R.U.M). de la Cd. de -México
- Coordinador en la Junta multidisciplinaria para desastre en la Ciudad de México .
- Asesor de Seguridad en la Dirección General de Inspección de la Secretaria de Comunicaciones y Transportes,
- Jefe de Bomberos de la Universidad Nacional Autónoma de México.
- Coordinador de capacitación e instructor de protección civil, de la Dirección General de Telecomunicaciones de México,-
- Miembro de los sub Comités de normatividad, señalización, grupos voluntarios y Programas de Protección Civil de la Secretaria de Gobernación Rep. Mexicana.

LOS QUE ESTAMOS AQUÍ, HEMOS DEDICADO NUESTRA VIDA A LA ATENCIÓN DE LOS EFECTOS DE LAS CALAMIDADES; EN CUALQUIER PARTE DEL MUNDO DONDE HA SIDO NECESARIO, AHÍ NOS HEMOS ENCONTRADO, ESTAMOS CONCIENTES DE QUE EN NUESTRO PAÍS EL DESASTRE PUEDE SER EN EL PROXIMO MINUTO, UNAMOS NUESTRAS FUERZAS, -

QUE EL MAÑANA NOS ENCUENTRE PREPARADOS.

El autor.